地球之最

王渝生　主编

中国大百科全书出版社

图书在版编目（CIP）数据

地球之最 / 王渝生主编 . -- 北京 ： 中国大百科全
书出版社，2025. 1. -- ISBN 978-7-5202-1733-0

Ⅰ . P183-49

中国国家版本馆 CIP 数据核字第 202478Z780 号

出　版　人：刘祚臣
责任编辑：刘敬微
责任校对：黄佳辉
责任印制：李宝丰
出　　　版：中国大百科全书出版社
地　　　址：北京市西城区阜成门北大街 17 号
网　　　址：http://www.ecph.com.cn
电　　　话：010-88390718
图文制作：北京杰瑞腾达科技发展有限公司
印　　　刷：唐山富达印务有限公司
字　　　数：100 千字
印　　　张：8
开　　　本：710 毫米 ×1000 毫米　　1/16
版　　　次：2025 年 1 月第 1 版
印　　　次：2025 年 1 月第 1 次印刷
书　　　号：978-7-5202-1733-0
定　　　价：48. 00 元

编委会

第四章　曾经沧海难为水——海洋之最

第五章　飞流直下三千尺——泉水瀑布之最

第一章

远近高低尽不同——地貌之最

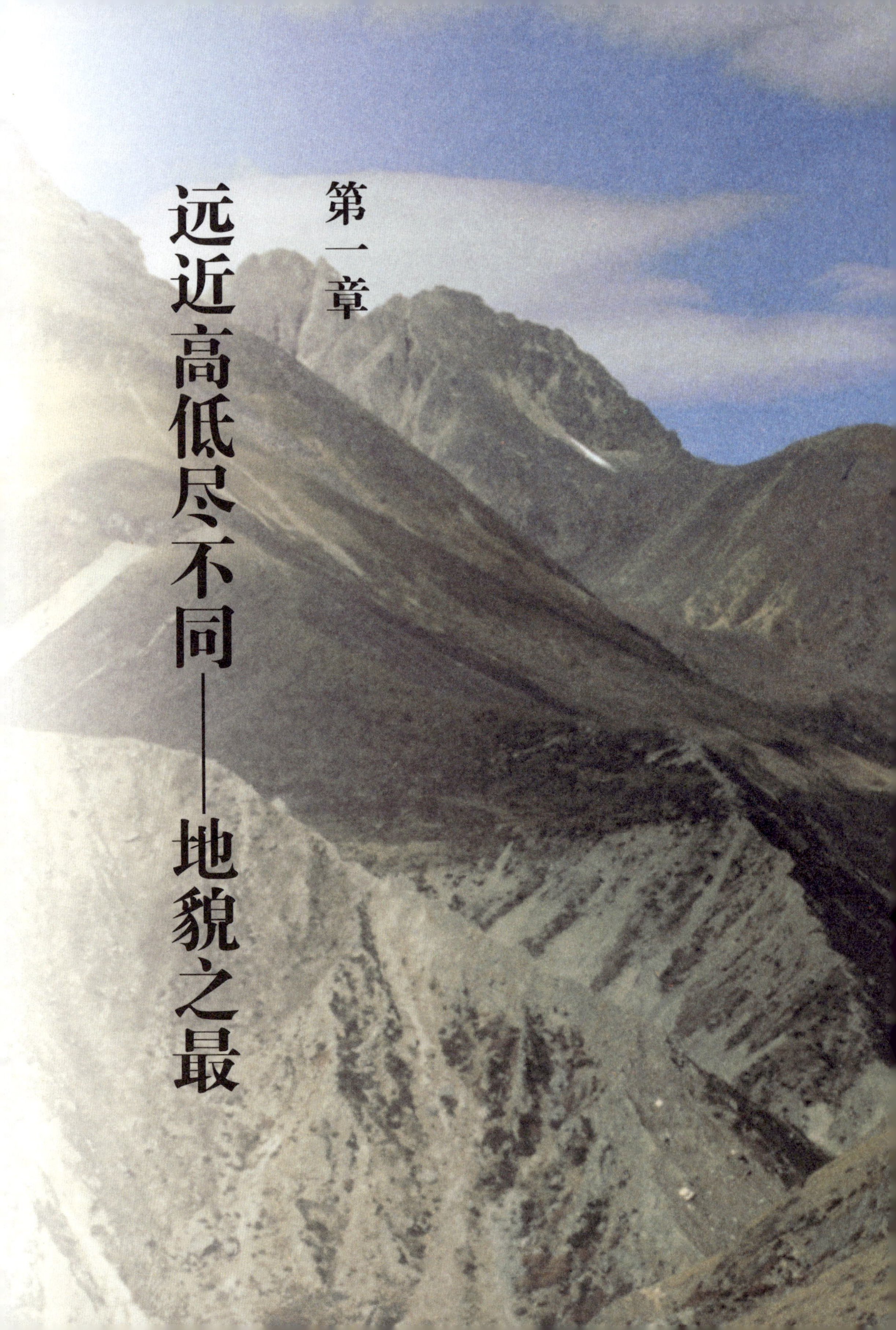

最高的山峰——珠穆朗玛峰

喜马拉雅山脉主峰，世界第一高峰。位于中国西藏自治区与尼泊尔交界处的喜马拉雅山脉中段，北纬27°59'15.85"，东经86°55'39.51"，海拔8848.86米，有地球之巅之誉。"珠穆朗玛"系佛经中女神名的藏语音译。18世纪初，中国就已测定珠穆朗玛峰的位置，并将它载入于清康熙五十七年（1718）完成的《皇舆全览图》，称"朱母朗马阿林"。

地质与地貌

珠穆朗玛峰是典型的断块上升山峰。基底为前寒武纪变质岩系，上覆古生代沉积岩系，两组岩系之间为冲掩断层带，下古生代地层即顺此带自北向南推覆于元古宙地层之上。峰体上部为奥陶纪早期或寒武－奥陶纪的钙质岩系（峰顶为灰色结晶石灰岩）；下部为寒武纪的泥质岩系（如千枚岩、夹片岩等），并有花岗岩体、混合岩脉的侵入。岩层倾向北北东，倾角平缓。始新世中期海侵结束以来，珠穆朗玛峰不断急剧上升，上新世晚期至今约上升了3000米。印度板块和亚洲板块以每年5.08厘米的速度互相挤压，所以整个喜马拉雅山脉仍在不断上升中，珠穆朗玛峰每年也增高1.27厘米。珠穆朗玛峰山谷冰川发育，山峰周围辐射状展布有许多条规模巨大的山谷冰川，长度在10千米以上的有18条，末端海拔3600～5400米。其中以北坡的中绒布、西绒布和东绒布三大冰川与它们周围的30多条中小型支冰川组成的冰川群最为著名。珠穆朗玛峰周围5000平方千米范围内冰川覆盖面积约1600平方千米。在许多大冰川的冰舌区还普遍出现冰塔林。古冰斗、冰川槽形谷地、冰川或冰水侵蚀堆积平台、侧碛和终碛垄等古冰川活动遗迹也屡见不鲜。寒冻风化强烈，峰顶岩石嶙峋，角峰与刃脊高耸危立，岩屑坡或石海遍布。土壤表层反复融冻形成石环、石栏等特殊的冰缘地貌现象。

气候与垂直自然带

珠穆朗玛峰气候具有明显季风特征。冬半年干燥而风大，为干季和风季；夏半年为雨季。4～5月和10月是两个过渡季节，天气晴朗温和，为攀登珠穆朗玛峰的黄金季节。珠穆朗玛峰南北坡气候差异很大，南坡降水丰沛，具有海洋性季风气候特征；北坡降水少，呈大陆性高原气候特征。与此相应，珠穆朗玛峰地区的垂直自然带谱南翼属热带山地性质，北麓则为典型的草原景观。海拔5000米以上的高山地区以高山草甸与雪莲花、垫状点地梅、苔状蚤缀等稀疏座垫植物占优势。珠穆朗玛峰地区的土壤含砾多、黏粒少，反映了近代自然地理过程的年轻性。

探险与科学考察

自 1921 年起，不断有人试图征服珠穆朗玛峰，但多遭失败。直至 1953 年 5 月 29 日，英国探险队的两名队员才第一次从尼泊尔境内的南坡登上珠穆朗玛峰顶。1960 年 5 月 25 日，中国登山队的 3 名队员（王富洲、贡布和屈银华）首次从北坡登上珠穆朗玛峰顶；1975 年 5 月 27 日中国登山队 9 名队员又一次从北坡集体登上珠穆朗玛峰顶，并在主峰顶竖起了 3 米高的觇标。据此觇标，中国第一次测得珠穆朗玛峰的精确高程为 8848.13 米。与登山活动相配合，中国科学院也多次组织了大规模综合考察，进行了地质、生物和高山生理

等多门学科的研究。1988年5月中、日、尼三国运动员实现了从南、北坡登顶跨越珠穆朗玛峰的壮举。1988年建立的珠穆朗玛峰自然保护区面积为3.38万平方千米。2005年3～5月，中国国家测绘局、中国科学院和西藏自治区人民政府联合对珠穆朗玛峰的高度进行重新测量，同年10月公布的新高度为8844.43米。2020年12月8日，中国、尼泊尔两国向全世界正式宣布珠穆朗玛峰最新高程为8848.86米。

中国境内的珠穆朗玛峰地区居民稀少，但有从拉萨市经日喀则市至绒布寺的公路，可供登山和旅游活动之用。

最高的高原——青藏高原

世界最高的高原。有"世界屋脊"之称。西起帕米尔高原和喀喇昆仑山脉；南缘为自西北向东南延伸的呈向南突出弧形展布的喜马拉雅山脉；东南经横断山脉连接缅甸和云南高原，东部则濒临四川盆地；东北部与秦岭山脉西段和黄土高原相衔接；北缘的昆仑山、阿尔金山和祁连山与亚洲中部干旱区的塔里木盆地及河西走廊相连。

高原南北纵贯约 15 个纬度，宽 1400 千米；东西横跨 30 个经度，长约 2700 千米，总面积约 230 万平方千米。中国境内包括西藏自治区、青海省，以及新疆维吾尔自治区、甘肃省、四川省和云南省部分地区。

高原海拔大多在 3500 米以上，总倾向为西北高、东南

青藏高原

低。主要大山有东西或近东西走向、由北而南依次排列的阿尔金山脉、祁连山脉、昆仑山脉、喀喇昆仑山脉、唐古拉山脉、冈底斯山脉、念青唐古拉山脉、喜马拉雅山脉，以及北西—南东或南北纵列走向的横断山脉，海拔大多在5500米以上，许多高峰在7000米以上，珠穆朗玛峰、乔戈里峰及希夏邦马峰等超过了8000米。这些高大山脉构成了高原地形的骨架。高原地形结构的区域差异明显，藏北为高原面保存较完整的羌塘高原，藏南雅鲁藏布江中游流域为山原宽谷地形，青海西北部为完整的柴达木盆地，川西、滇北的横断山区则为强烈切割、高低悬殊的高山峡谷地形。在高原部分干燥的宽谷及湖盆内常见风力作用形成的流动沙丘与戈壁；许多石

灰岩山地有古代或近代的喀斯特地貌（溶洞、石芽、峰林、孤峰、石墙等）；藏北昆仑山一带有四处火山群，有火山锥、方山及熔岩平原等火山地貌。

青藏高原是地球上中低纬度地区最大的冰川作用中心，现代冰川面积约 4987 万平方千米，占中国冰川总面积的 84%。现代冰川主要集中在昆仑山、念青唐古拉山、喜马拉雅山、喀喇昆仑山、帕米尔高原、唐古拉山、羌塘高原、横断山脉、祁连山、冈底斯山及阿尔金山等地。高原上多年冻土面积约 140 万平方千米，为北半球中低纬度地区冻土分布最广、厚度最大、海拔最高的地区。高原北部阿尔金山—祁连山区多年冻土下界为海拔 3300～4000 米，昆仑山

区为 4150 ～ 4300 米，唐古拉山脉以南的两道河一带升高至 4640 ～ 4680 米。高原边缘山区的高山多年冻土表现为不连续岛状分布，而羌塘高原上则为大片连续多年冻土。

气候和水文

青藏高原占据了大气圈中对流层厚度的一半左右。冬季受西风急流控制，风大而干燥；夏季受西南季风影响较深，降水增多。高原上空气稀薄，大气干洁，太阳总辐射比同纬度低海拔地区高 50% ～ 100%，但高海拔导致的气温低而年、日较差大的特点也很突出。由于低温的成因不同，太阳辐射和显著的热力作用对自然地理过程及植物生长发育的影响不同，以及高纬度低海拔地区的相同气温数值意义不同，青藏高原成为世界上最高的农业活动地域和森林分布区。在纬度和地势双重影响下，高原各地年平均气温由东南部的 20℃ 以上递降至西北部的 −6℃ 以下。受多重高山阻碍，平均年降水量由 2000 多毫米渐减至 50 毫米以下。

高原南部与东部的边缘山区河网密集，较大的外流河有属于印度洋水系的雅鲁藏布江（大支流有拉萨河、年楚河、尼洋曲和帕隆藏布等）、怒江、朋曲及属于太平洋水系的长江、黄河和澜沧江等大河的上游段。水力资源丰富，河流侵蚀切割强烈，大河谷地深邃险峻；高原内部河网稀疏，多季节性河流。高原上湖泊广布，面积大于 0.1 平方千米的湖泊

布达拉宫远眺

有 1770 个，湖泊总面积为 3.656 万平方千米，尤以藏北内流区的湖泊面积大、数量多。因气候趋干，许多湖泊退缩，形成宽坦的湖滨平原，各湖盆之间多为低缓山丘相隔，地形开阔。除少数淡水湖及纳木错、色林错等较大的咸水湖外，多数湖泊因长期缺乏充足水源补给和湖水蒸发浓缩，已演化为高矿化盐湖，甚至成干涸盐沼，蕴藏有丰富多样的矿盐。随着高原继续隆起及其气候进一步变冷趋干，湖泊退缩的趋势有增无减。

土壤和生物

青藏高原东南部天然森林茂密，有储量丰富的各类森林资源，野生动植物种类繁多，发育着类型众多的酸性的森林土壤，土壤表层腐殖质积累过程、原生矿物风化作用及淋溶作用等均较强烈；其余大部分地区主要为多年生中生或旱生的灌丛与草本，拥有广袤的天然牧场，但动植物种类相对较少，发育着碱性的草原土壤和漠境土壤，生物、化学作用相对减弱，土壤有机质含量较少、砂砾含量较多、淋溶作用弱。自然地理环境的特点决定了青藏高原宜林地域集中于喜马拉雅山南侧和横断山脉一带，适宜种植业活动的地域局限于高原周边南部、东部和北部海拔较低、气候较温暖的湖盆宽谷地段，而大部分高寒地区除部分可供放牧外，大多为荒野之域。

青藏高原复杂的自然条件和活跃的物种分化，形成了丰富的生物资源。已知高原上有高等植物 13000 余种，其中蕨类 124 属约 800 种，裸子植物 18 属 88 种，被子植物 1495 属 12000 余种。陆栖脊椎动物近 1100 种，有哺乳类 206 种、鸟类 678 种、爬行类 83 种、两栖类 80 种。此外，有鱼类 152 种，以及尚难以计数的昆虫、无脊椎动物、低等植物和菌类。

自然保护区

青藏高原自然环境独特，自然生态系统保持相对比较完好。自 1963 年以来，已建立自然保护区 155 处，其中国家级自然保护区 41 处、省级自然保护区 64 处，面积达 82.24 万平方千米。

人文概况

青藏高原地广人稀，人口约 1000 万，是以藏族为主的多民族聚集区，藏族占人口总数的 46％。其他有汉、回、蒙古、土、羌、撒拉、门巴、珞巴、纳西、怒、白、独龙等民族。由于自然环境严峻，因此经济开发水平较低。青藏高原是藏传佛教的发祥地和圣地，有布达拉宫、大昭寺、小昭寺、扎什伦布寺、拉卜楞寺、塔尔寺等。

最大的沙漠——撒哈拉沙漠

世界最大的沙漠。阿拉伯语意即大荒漠。位于阿特拉斯山脉和地中海以南，约北纬 14°线（250 毫米等雨量线）以北，西起大西洋海岸，东到红海之滨。横贯非洲大陆北部，跨埃及、苏丹、利比亚、乍得、突尼斯、阿尔及利亚、尼日尔、摩洛哥、马里、毛里塔尼亚、西撒哈拉共 11 个国家和地

区。东西长达 5600 千米，南北宽约 1600 千米，面积约 960 万平方千米，约占非洲总面积的 32%。

撒哈拉沙漠地区为一个起伏不大又有多种地貌类型的辽阔高原。一般海拔 200～500 米。中部有一条南东—北西向高地，包括阿哈加尔高原、提贝斯提高原等；地势向四周逐渐降低，递变为一系列低高原和盆地。第三纪、第四纪火山活动，在高原上形成不同形态的火山，其中提贝斯提高原的库西山海拔 3415 米，为全地区最高峰。埃及西北部盖塔拉洼地最低处海拔 –133 米。高地四周，放射状干河谷相当密集。源于阿哈加尔高原最长的干河谷，南抵尼日尔河，北达加西附近低地。间歇河谷在广大平缓地区纵横交织，是撒哈拉沙漠地貌的一个重要特征。除山地、高原外，全区基本上是由错综分布的闭塞盆地构成，盆地大多海拔 50～200 米。间歇河呈辐合状消逝在盆地之中。全区地面主要由石漠（岩漠）、砾漠和沙漠组成。石漠多分布在撒哈拉中部和东部地势较高的地区，或岩石裸露或仅为一薄层岩石碎屑。砾漠多见于石漠与沙漠之间，主要分布在利比亚沙漠的石质地区、阿特拉斯山、库西山等山前冲积扇地带。沙漠分布最为广阔，面积较大的称为沙海，由复杂而有规则的大小沙丘排列而成，形态复杂多样，有高大的固定沙丘，有较低的流动沙丘，还有大面积的固定、半固定沙丘。固定沙丘主要分布在偏南靠近草原地带和大西洋沿岸地带。从利比亚往西直到阿尔及利亚西部是流沙区。流动沙丘顺风向不断移动。在撒哈拉沙漠曾观测到流动沙丘一年移动 9 米的记录。

全境处于副热带高压带控制下，全年大部分时间盛行干热的哈马丹风，形成典型的热带沙漠气候。大部分地区年降水量在 50 毫米以下，内陆有的地方甚至多年无雨，降水年变率很大。蒸发旺盛，潜在年蒸发量在 2000 毫米以上，高者达 4500～6000 毫米，更加剧了气候的干旱。年平均气温一般在 25℃以上。7 月平均气温在 35～37℃，绝对最高气温超过 50℃，而且高温持续时间很长。利比亚阿齐齐耶绝对最高气温曾达 58℃，有世界热极之称。气温日较差大，一般为 15～30℃，科罗托罗曾观测到 38.2℃的绝对日较差。太阳能资源极其丰富，年日照时数一般都在 3600 小时以上，中部可达 4300 小时。

　　境内除东部有尼罗河贯穿外流以外，皆为内流区或无流区，无常年水流，干河谷只在降雨时短期有水。部分干河谷是第四纪温暖湿润时期形成的，当时大量降水下渗，成为目

前撒哈拉沙漠地下水的主要来源。地下水的勘探、开发受到广泛关注，在阿特拉斯山前缘凹陷地区和中部高地干河谷及小盆地中，由于地下水出露，形成许多绿洲，成为沙漠中主要经济活动地区。绝大部分绿洲利用地下水进行灌溉，灌溉方式有坎儿井灌溉、井灌、泉水灌溉等。

　　植物贫乏，且大部分是旱生植物和短生植物。除绿洲外，乔木和灌木丛极为罕见。沙漠南缘一带植物较多，分布有灌丛和硬质禾本科草类，以三芒草最多。大西洋沿岸的狭长地带，有较繁茂的多汁大戟属植物。阿哈加尔和提贝斯提高原一带有地中海类型树种，如金合欢、无花果树、橄榄树、夹竹桃等。一些干河谷中有怪柳属植物。绿洲中植物较茂盛，主要是枣椰，品种有 20 ～ 30 种。此外，不少地方还散生有矮小的豆科、菊科和十字花科植物。

　　为适应荒漠生态环境，动物具有耐渴、耐饥、视觉和听觉发达以及奔跑迅速的特性。多聚居在干河谷、绿洲和湖泊附近草木丰盛处。主要有爬行动物、鸵鸟、鼠类、羚羊、蝙蝠、猬、狐和骆驼。

　　撒哈拉地区地广人稀，平均每平方千米不足 1 人。以阿拉伯人为主，其次是柏柏尔人等。居民和农牧业生产主要分布在尼罗河谷地和绿洲，其余为游牧区。20 世纪 50 年代以来，沙漠中陆续发现丰富的石油、天然气、铀、铁、锰、磷酸盐等矿藏。利比亚、阿尔及利亚已成为世界主要石油生产国，尼日尔成为著名产铀国。1984 年建成纵贯撒哈拉沙漠的公路干线，连接阿尔及利亚、马里、尼日尔、尼日利亚等国，全长 8000 多千米。

最大的盆地——刚果盆地

世界最大盆地，面积337万平方千米。又称扎伊尔盆地。位于非洲中西部，在南纬13°至北纬9°之间，东以东非大裂谷为界，西到刚果（布）西部和喀麦隆东南，包括刚果河流域大部，故称刚果盆地。

大体呈不规则的六边形。从盆地边缘到中央，岩层由老到新，依次主要为太古宇基底朵岩、二叠–三叠世砾岩、侏罗纪砂岩，直至现代沉积物。四周被高原山地包围，仅西南由刚果河切出一道缺口。北缘为中非高地，平均海拔700～800米，是刚果河、尼罗河、乍得湖三大水系分水岭；东南为加丹加高原，平均海拔1000～1500米，系刚果河与赞比西河的发源地；西南有隆达高原，平均海拔1000米；东缘为东非大裂谷西支系列山地，其中米通巴山脉最高，玛格丽塔、卡里辛比、尼拉贡戈等

刚果河鸟瞰

火山高耸，海拔 3400～5100 米；西缘为从喀麦隆及加
蓬东部直至刚果（布）西部的高原山地，平均海拔 800
米。盆地底部地势平坦，由东南向西北微微倾斜，海拔
300～500 米。盆地底部与周边高原山地的过渡地带，多
蚀余孤丘、丘陵和河谷阶地。大部属热带雨林气候，年降
水量 1500～2000 毫米。刚果河及其支流水量丰富。辐合
状水系向中央汇流，在盆地底部形成大片沼泽，汛期一片
汪洋，其中桑加河下游沼泽面积最大，是非洲著名水乡泽
国；在盆地边缘多急流、瀑布，富水力，下游河段利文斯
敦瀑布群水力蕴藏量居世界各河下游之首。盆地一半以上
被森林占据，是非洲最大的一片热带雨林，产黑檀木、乌

木、红木、檀香木、花梨木等名贵木材。盆地农业以种植热带作物为主，盛产油棕、咖啡、可可、橡胶，还有烟草和甘蔗等。盆地边缘的高原、山地富矿产资源，有金刚石、铜、钴、铅、锌、锰、铁、锡、黄金、煤、铀等，其中金刚石、铜、锰、铁矿世界闻名。

最大的三角洲——恒河三角洲

　　世界最大三角洲。全称为"恒河－布拉马普特拉河三角洲"。位于南亚次大陆东部，顶点在印度的法拉卡，西起巴吉拉蒂－胡格利河，东至梅克纳河，南濒孟加拉湾。

　　面积7万平方千米。大部分在孟加拉国南部，小部分在印度的西孟加拉邦。平均海拔10米。三角洲汇集恒河、布拉马普特拉河、梅克纳河三大水系。7～9月为雨季，加上孟加拉湾潮水顶托形成的涌浪，常使三角洲受淹成灾。地势低平，土壤肥沃，农业发达，人口密集，城镇相望，为南亚最重要

在恒河中沐浴的印度教教徒

的经济中心之一。盛产黄麻、水稻、甘蔗等。大小河道互为
串联，水上运输发达，通航里程总计 1 万千米以上。沿海有
大片红树林沼泽，当地特称之为"孙德尔本斯"地区。

最大的冰川——兰伯特冰川

世界最大冰川。位于东南极洲，宽约 85 千米，长 400 千米，最厚处超过 3000 米。该冰川流经查尔斯王子山和莫森陡崖间，深深切入地壳，形成最大深度超过 2500 米的地堑谷地。

由于兰伯特冰川表面平均高度仅数百米，周围数百千米范围内的冰体都朝它流来，于是构成了面积达百万平方千米的冰盖盆地，称为兰伯特冰川盆地。冰川的上游有多条源于东南极洲高原的支流对冰川进行补给，下游与东南极洲最大的埃默里冰架相连，着地线的位置约在南纬 73.3°。冰川大部分流动速度为 400 ~ 800 米/年，中部流速略慢。每年穿过着地线注入埃默里冰架的冰量达 57 立方千米。中国从 1997 年开始中山站至东南极洲冰盖最高点（A 冰穹）的冰川学断面考察，考察路线横穿兰伯特冰川盆地的东侧。

兰伯特冰川

1952 年美国地质学家 J.H. 罗斯科根据拍摄的航空照片对兰伯特冰川地区进行了研究，绘制了示意图并命名该冰川为"贝克三冰川"，但这个名称并没有被标绘在出版的地图上。结果，澳大利亚国家南极考察队 1956 年测绘该地区之后使用的"兰伯特冰川"成为这一冰川的正式名称。

最大的冰架——罗斯冰架

世界最大冰架。介于玛丽·伯德地和横贯南极山脉之间。长约 1100 千米，面积 49.4 万平方千米，占据了罗斯海海湾整

罗斯冰架局部

个南部。1841年由英国J.C.罗斯船长发现，并以其姓氏命名。

　　冰架前缘的厚度约200米，而陆冰分界线处的厚度可达千米。向海一侧冰架形成的悬崖东西长约700千米，高出海面15～50米，称为罗斯冰障。罗斯冰架主要由源于西南极洲冰盖的多条冰流补给，并在它们的推动下，迅速向前移动，其前缘移动速度可达1000～1200米/年。广袤的罗斯冰架成为20世纪初人类开展南极内陆考察的重要基地，最早到达南极点的R.阿蒙森和R.F.斯科特都是从罗斯冰架沿岸出发，穿过整个冰架，最终抵达南极点。罗斯冰架西北角的罗斯岛建有南极最大的考察站——美国的麦克默多站，以及新西兰的斯科特站。

第二章

孤帆万里游碧江——河流之最

最长的河流——尼罗河

世界最长河流。自南向北穿越撒哈拉沙漠，流贯非洲东北部，注入地中海。习惯上，人们把白尼罗河作为尼罗河的主流。白尼罗河和青尼罗河在苏丹喀土穆附近汇合后称为尼罗河。以白尼罗河源流卡盖拉河源头算起，全长6671千米。干支流流经卢旺达、布隆迪、坦桑尼亚、肯尼亚、乌干达、刚果（金）、苏丹、埃塞俄比亚和埃及，是世界上流经国家最多的国际性河流之一。流域面积约325.5万平方千米，占非洲大陆面积的1/10以上。入海口年平均流量2300立方米/秒，多年平均年径流量约725亿立方米，年平均径流深24毫米。

　　南苏丹的尼穆莱以上河段为上游，长 1716 千米。其中，河源段卡盖拉河由源出布隆迪南部的鲁武武河和源出卢旺达西南部的尼瓦龙古河汇合而成，蜿蜒向北，至乌干达边境，折向东流，注入维多利亚湖，全长 400 千米。湖水从北端流出，经基奥加湖向西流，称维多利亚尼罗河，注入艾伯特湖。出艾伯特湖后称艾伯特尼罗河，北流至南苏丹边境的尼穆莱。上游段具热带湿润地区山地河流特征，水量丰富，有湖泊调节，水量季节变化较小；多急流、瀑布，富水力资源。

　　从尼穆莱至喀土穆为中游段，长 1930 米，称为白尼罗河。其中马拉卡勒以上又称杰贝勒河，流经宽达 400 千米的苏丹冲积平原，地势平坦，比降只有 1/139000，地面沼泽密布，水生植物丛集壅塞，河道在此分岔漫流，因蒸发强烈，水量损失大半。在马拉卡勒附近接纳支流索巴特河后水量增加，河面展宽，沿途形成深厚的冲积土层并沼泽化。在喀土穆附近，青尼罗河自东南汇入，每当洪水期，两股水流颜色迥异，"青白分明"，涡流急旋，水量大增；白尼罗河和青尼罗河的年均流量分别为 890 立方米/秒和 1650 立方米/秒。青尼罗河发源于埃塞俄比亚高原西北部海拔 1830 米的塔纳湖。从该湖南端流出后，河谷深切，比降达 1/1160，水流湍急。入苏丹境内后，流贯于平原地区，河曲发育，水量较大，是尼罗河干流水量的主要供给者。但流量季节变化和年际变化大，7～9 月洪水期的最大流量达 5610 立方米/秒，4～5

月枯水期的最小流量仅 85 立方米／秒，相差 60 多倍。干流的水文状况主要取决于青尼罗河洪水期来临的迟早和水量的大小。

喀土穆以下为下游段，长 3025 千米，流经气候干旱的热带沙漠区。其中喀土穆至阿斯旺段，比降为 1/6000，由于河床基岩软硬不同，形成一系列的瀑布、峡谷，有著名的"尼罗六瀑布"。在阿特巴拉附近，尼罗河接纳了阿特巴拉河，出现全河最大流量值。自此往下，因降水稀少，蒸发强烈，加上渗漏和灌溉用水，河水流量渐减。在第一瀑布处建有阿斯旺高坝，形成巨大的纳赛尔水库。阿斯旺附近的年均流量为 2639 立方米／秒。青尼罗河、白尼罗河和阿特巴拉河分别提供总流量的 58％、28％和 14％。但各河所占比重在洪水期和枯水期变化很大。洪水期，青尼罗河占 68％，白尼罗河占

尼罗河三角洲景观

10％，阿特巴拉河占 22％；枯水期，青尼罗河下降为 17％，白尼罗河上升到 83％，阿特巴拉河则断流。阿斯旺至开罗段，比降为 1/14000，切入砂岩和石灰岩地层，河谷狭窄，谷底平坦，沿岸分布狭长的河谷平原。这是埃及的主要农业基地，形成一条绿色长廊。开罗以下的河口段，河流分岔入地中海，形成面积约 2.4 万平方千米的河口三角洲。地面平坦，土层深厚，河渠稠密，沿海多潟湖和沙洲。由于阿斯旺高坝的修建，水流已被控制，纵贯三角洲的众多岔流主要经拉希德和杜姆亚特两条河道入海。尼罗河下游段，除阿特巴拉河外，没有支流汇入，河水全部来自中上游，从而形成著名的

"客河"。河水随着沿途的蒸发和损耗,逐渐减少。

尼罗河对沿河各国的经济生活具有重要意义,其下游谷地和三角洲是世界古文明发祥地之一。尼罗河流域是非洲人口最密集、经济最发达的地区之一,如位于青、白尼罗河之间的杰济拉平原是苏丹最重要的农业基地,埃及96%的人口和大部分工、农业生产集中在尼罗河谷地和三角洲地区。尼罗河水资源的开发利用历史悠久。自古以来,人们一直利用洪水进行灌溉。20世纪以来,逐步开发丰富的水力资源,流域内已建有数座大型水闸和水坝,特别是1971年建成的阿斯旺高坝和纳赛尔水库,兼有防洪、灌溉、发电、航运、渔业和旅游等综合效益。

海拔最高的河流——雅鲁藏布江

世界最高河流,中国西藏自治区最大河流。属印度洋水系。发源于西藏西南部喜马拉雅山脉北麓的杰马央宗冰川。

雅鲁藏布江自西向东横贯西藏南部，流经米林后折向北东，之后又急转南流，于巴昔卡出境流入印度后，称布拉马普特拉河，又流经孟加拉国与恒河相汇，最后由孟加拉湾注入印度洋。

流域平均海拔 4000 米以上，流域呈东西向狭长形。中国境内流域面积 24.048 万平方千米；河长 2057 千米；多年平均年径流量 1500 亿立方米，居全国第四位。水能资源极为丰富，全流域水能蕴藏量超过 1.1 亿千瓦，约占全国总蕴藏量的 1/6；其中干流水能蕴藏量近 0.8 亿千瓦，居全国第二位。以单位河长或单位流域面积的水能蕴藏量计算，则为中国各大河流之首。

雅鲁藏布江大拐弯

干流概况

雅鲁藏布江源头杰马央宗冰川海拔约5590米，总落差达5400余米，全河平均比降为2.6‰，是中国比降最大的大河。河源至里孜为上游段，长268千米，平均比降4.5‰。上游河谷宽阔而较平坦，多湖泊分布。流经桑木张附近，支流库比藏布汇入后改称当却藏布（马泉河）。里孜以下称雅鲁藏布江。里孜至派镇为中游段，长1293千米，平均比降1.2‰。中游以宽谷为主，呈宽窄相间的串珠状河谷特征。派镇以下至流出国境处为下游段，长496千米，平均比降为5.5‰。其中，派镇—墨脱约212千米河段的平均比降高达10.3‰。雅鲁藏布江在该段形成马蹄形大拐弯，在河道拐弯的顶部内外两侧，各有海拔超过7000米的南迦巴瓦峰与加拉白垒峰，两峰遥相对峙，形成高山峡谷地带。山高谷深，河道迂回曲折。

支流众多，其中集水面积大于2000平方千米的有14条，大于1万平方千米的有多雄藏布、年楚河、拉萨河、尼洋河、帕隆藏布等。其中拉萨河最长、流域面积最大；帕隆藏布年径流量最大。

气候与水文

雅鲁藏布江流域下游地区高温多雨，巴昔卡附近平均年降水量超过4000毫米，个别地区可达5000毫米以上，是中

雅鲁藏布江上的米林大桥

国陆地年降水量最大的地区之一。溯河而上，降水逐渐减少。广大中游地区属高原温带气候，年降水量多在 300 ~ 600 毫米，上游地区谷地年降水量不足 300 毫米。全流域降水的年际变化小，而年内分配很不均匀，7 ~ 9 月的降水量集中了全年的 50%~ 80%。最高月平均气温多出现在 6 月，下游地区则多出现在 7 月；最低月平均气温往往出现在 1 月。

雅鲁藏布江流域巴昔卡一带的平均年径流深可达 3000 毫米以上，上游地区则不足 100 毫米。径流量年际变化小，年内分配不均匀。降水多的月份,其冰雪融水补给河流的水量也大。此外,该流域还具有枯水期水量较大而较稳定、悬移质泥沙含量少、下游地区推移质严重,以及河水温度低、河水矿化度小、总硬度低等特点。

经济概况

雅鲁藏布江有丰富的水量和丰沛的水能资源,水能资源开发条件好。干流中游河段可兴建多座水利枢纽,水电站装机容量可达几十万至 100 万千瓦,并可发挥灌溉等综合效益。干流下游大拐弯段,派镇至墨脱河段落差达 2000 余米,如开凿派镇至墨脱约 40 千米长的引水隧洞后,可引用近 2000 米^3/秒的流量,兴建装机容量达 4000 万千瓦的巨型水电站。雅鲁藏布江中小支流和支沟上已兴建多座用于灌溉或发电的水利、水电工程。

雅鲁藏布江干流中游段的拉孜—大竹卡、约居—泽当等河段有通航条件。

雅鲁藏布江流域面积仅占西藏总面积的 1/5,但流域内的人口、耕地面积、工农牧业总产值却均占西藏的一半以上。拉萨、日喀则、泽当、江孜及林芝等城镇均坐落于流域范围内。雅鲁藏布江流域为西藏政治、经济、文化的中心地带。流域内矿产资源主要有铬、铁、铜、铅、硼等。

干流流经国家最多的河流——多瑙河

欧洲第二长河。源出德国西南部黑林山东麓，向东流经奥地利、斯洛伐克、匈牙利、克罗地亚、塞尔维亚、保加利亚、罗马尼亚、乌克兰9个国家，在罗马尼亚苏利纳附近注入黑海，是世界上干流流经国家最多的国际河流。全长2850千米，流域面积81.7万平方千米。

从河源到匈牙利门峡（西喀尔巴阡山脉和奥地利阿尔卑斯山脉之间）为上游，长966千米。上源布雷格河和布里加赫河从黑林山东坡流出后，汇流于多瑙埃兴根，沿施瓦本山、弗兰克山南翼和巴伐利亚高原北缘向东北流，经雷根斯堡后折向东南，进入奥地利，流过波希米亚林山，经维也纳盆地后达匈牙利门峡。上游具有山地河流水文特征，河床坡度大，流速较快，水位季节变化显著，先后有雷根河、伊萨尔河、因河等支流汇入，干流水量大增。这些支流都以冰雪融水为

多瑙河维也纳段鸟瞰

主要补给来源，春末夏初为高水位。雷根斯堡附近年平均流量为 420 米^3/ 秒，至维也纳达 1900 米^3/ 秒。

从匈牙利门峡到铁门峡为中游，长 900 多千米。河面展宽达 1.6 千米，河床坡度平缓，流速减慢，在布拉迪斯拉发和科马尔诺之间，河道中因泥沙沉积形成大、小斯许特岛等沙岛，水流被分成多条岔流。从科莫尔诺东流经瓦茨折向南流，进入匈牙利平原，河谷宽广，地势低平，河床淤浅。南流入克罗地亚、塞尔维亚，先后接纳德拉瓦河、蒂萨河、萨瓦河三大支流，使干流水量猛增一倍半，达 5835 米^3/ 秒。同时，含沙量大增，其中流经黄土地带的蒂萨河每年带入干流的泥沙达 7500 万立方米。春季积雪融化，水位最高，流量最大；冬季水位最低。在贝尔格莱德附近折向东流，至铁门峡河流最狭处，宽仅 100 米，水流湍急。

铁门峡以下为下游，河流流经广阔平原，左岸为罗马尼亚的瓦拉几亚平原，右岸为保加利亚的多瑙河平原；河谷宽浅，比降小，流速缓，河道中有沙岛群。6 月汛期水位升高，最低水位出现在 9 ～ 10 月，冬季河水有时结冰。东流至切尔纳沃德转向北流，至加拉茨折向东流，有支流普鲁特河注入。在距黑海 80 千米的图尔恰附近进入三角洲，干流分三支入海。河口年平均流量 6430 米³/ 秒，年平均注入黑海水量 203 立方千米。多瑙河挟带的大量泥沙，每年约 7600 万吨，在河口沉积，形成三角洲。三角洲面积 4300 平方千米，每年不断向海伸展。三角洲上水道纵横，沼泽和湿地广布，为世界最大的芦苇产区。

多瑙河三角洲

多瑙河是中欧和东南欧重要国际航道，从乌尔姆以下可通航2600千米。1992年莱茵河—美因河—多瑙河运河建成，把多瑙河和莱茵河两大水系连接起来，沟通了北海和黑海之间的内河航道。水力资源丰富，干流上建有多座水力发电站，如20世纪70年代罗马尼亚和南斯拉夫合作兴建的铁门水电站、1992年斯洛伐克南部兴建的加布奇科沃水电站等。主要河港有雷根斯堡（德国）、林茨和维也纳（奥地利）、布拉迪斯拉发（斯洛伐克）、布达佩斯（匈牙利）、诺维萨德和贝尔格莱德（塞尔维亚）、鲁塞（保加利亚）、布勒伊拉和加拉茨（罗马尼亚）、伊兹梅尔（乌克兰）。

开凿最早、里程最长、工程最大的运河——京杭运河

中国古代南北水路交通的主要通道。自北京起，途经河北、天津、山东、江苏、浙江六省市至杭州的运河。它沟通

了海河、黄河、淮河、长江和钱塘江五大水系，全长近1800千米。

分　段

京杭运河纵贯南北，所经地区气候、水文、地形、土壤情况各不相同，各河段都有明显的特点。明代把北运河（包括通惠河）、南运河、会通河（包括济宁以南的泗水河段）、黄河航运段、淮扬运河（不同时期又称邗沟、江北运河）、渡江段和江南运河分别称为白漕、卫漕、闸漕、河漕、湖漕、江漕和浙漕，反映了各段间的不同特性。

古代的京杭运河

沟通江淮的邗沟在春秋末年已经开通。杭州至镇江的江南运河大致在春秋时期形成，隋代大规模整修，成为隋南北大运河的南段。淮河以北，早期利用泗水通运。南宋时，黄河夺泗水入淮入海，徐州东南就利用黄河河道行运，徐州向北至济宁仍将泗水作为运道。元至元二十年（1283）开济宁以北至安山的济州河，二十六年开会通河从安山至临清接卫河。后来，济州河、会通河统称会通河。临清以北利用卫河（后称南运河）通天津。自天津由北运河至通州，都是天然河道。至元三十年开通州至北京的通惠河，以北京城内的积水潭为运河的终点，以西山泉水为源。至此，京杭运河全线贯通。因会通河段水源不足，运输量受到限制，明永乐九年（1411），宋礼主持重开，筑戴村坝引汶水至南旺向运河南北分水，形成运河上最重要的水利枢纽。接着，陈瑄又整修淮扬运河，制定维修制度，使运河运输能力大幅度增加。此后400多年中，每年漕运江南粮食400万石至北京。隆庆元年（1567），为防止黄河泛滥危害运河，开南阳新河，把南阳至留城间的一段从昭阳等湖西移至湖东。万历三十二年（1604），为解决徐州至宿迁段黄河的航运困难，开泇河，自夏镇（今山东省微山县）经台儿庄至宿迁西，入黄河。清康熙二十七年（1688），从宿迁至清口开中运河，代替此段黄河运道。至此，运河与黄河完全分离，仅在清口交叉，由借黄行运改为避黄行运，京杭运河最后定型。京杭运河在清口（今江苏省淮安市西）与黄河、淮河相交，此地是三条河流治理的重点。黄河的逐步淤积抬高造成淮河水排泄困难，黄河水位高时还要倒灌运河和洪泽湖，造成清口过船困难，也使里运河经常受淮水经洪泽湖排泄泛滥的危害。为此，在高邮以下的里运河东堤上修建多座归海坝，在邵伯以下修多条归江水道和相应的归江坝，排泄淮水归海归江，里运河成为淮河的行水排洪河道。道光（1821～1850）年间，船只过清口更加困难。

近代的京杭运河

　　清咸丰五年（1855），黄河自河南兰封（今兰考县）铜瓦厢决口北徙，夺山东大清河入海。从此，黄河不再行经安徽和江苏，与运河改在山东交叉，打乱了京杭运河的总格局，使大量工程失效。随着海运的强化和铁路的兴建，京杭运河作为国家南北交通干线的作用逐渐减小，由全线通航转变为局部分段通航，有的区段已断航。其中北运河和南运河虽也有个别工程兴建和改建，如建闸和开减河等，但通航也只是局部和小量的。会通河被黄河冲截为两段，北段淤塞，南段水灾连年不断，航运基本断绝。中运河和淮扬运河，由于淮水不能恢复故道，由三河直入长江，运河北段水源几乎断绝，南段可以作地区性航运。民国时期，这两段运河的

京杭运河

淮安水利枢纽的京杭运河水道

治理被纳入导淮的统一计划中。1933 年完成的张福河初步疏浚工程自洪泽湖口高良涧起，至运河口马头镇止，全长 31 千米，解决了淮扬运河的给水问题，使航运和运河流经的各县受益。1934 ～ 1935 年，建造了邵伯、淮阴、刘老涧 3 座新船闸，所有运河西堤通湖各缺口一律堵塞，各涵闸一律重新维修，改善了这两段运河的通航条件。江南运河因水量充沛，地区运输又有较多的需要，航运效益一直显著。

现代的京杭运河

从 1950 年就开始进行运河的恢复和扩建工作，培修沿岸大堤，堵闭旧海堤，整顿和改建沿河闸坝。1958 年开始对运河全线进行大规模的整治和建设工程。徐州至扬州段，分设 10 个梯级，建设了解台、刘山、皂河、刘老涧、宿迁、泗阳、淮阴、淮安、邵伯和施桥等船闸，同时拓宽和加深航道，可通航 500 吨级船舶。同时扩大了排涝和灌溉面积，收到了航运、灌溉、防洪、排涝的巨大经济与社会效益。黄河以北天津至临清段，结合水利工程，先后建设了杨柳青、四女寺等多座船闸，形成自卫运河新乡经临清至天津的航道，全线通航 100 吨级船舶，在 1967 年后因水枯而断航。黄河以南至徐州段，其中梁山至济宁的梁济运河，经疏浚河道，建设了郭楼船闸。济宁至徐州段，1961 年建设了微山船闸，又利用伊家河河道建设了韩庄、刘庄、台儿庄 3 个梯级船闸。长江以南，镇江至杭州段，多年来陆续进行了一些局部治理，运输十分繁忙。

1980 年以后，对京杭运河济宁至杭州段又开展了大规模的续建工程。在此期间，徐州蔺家坝至扬州段，建设了皂河、宿迁、刘老涧、泗阳、淮阴、淮安、邵伯和施桥 8 座复线船闸和蔺家坝船闸，并对全河道进行拓挖，可通航 2000 吨级船舶。同时新建、扩建抽引长江水补水站 8 座。镇江至苏浙省界的苏南运河，建设了谏壁船闸，并进行了全线整治。苏浙省界至杭州段，整治河道，并建设了三堡两线船闸。沟通了运河与钱塘江，连成杭甬运河，至宁波出海。运河济宁至徐州大王庙段，进行浚挖，扩建和建设了韩庄、万年、台儿庄二线 3 座船闸。

经过多年的治理，京杭运河已改建成连接山东、江苏、浙江三省，沟通淮河、长江、太湖和钱塘江水系的 966 千米畅通的航道。运河的建设还提高了沿河地区的防洪、排涝能力，增加了灌溉面积，仅苏北运河段就扩大了灌溉面积 50 余万公顷、排涝面积 400 余万公顷。运河的补水工程还解决了沿河城镇生活和工业用水问题。沿河城镇的环境生态条件也得到改善。运河河道发挥了多功能作用，并为南水北调东线工程的建设奠定了基础。2022 年，京杭运河实现百年来首次全线流水贯通。

最古老的闸运河——灵渠

中国沟通湘江和漓江的古运河。又称湘桂运河、兴安运河、陡河。在广西壮族自治区兴安县境内。全长 34 千米。秦统一六国后，为向岭南用兵，秦始皇二十八年（公元前219）令监御史禄开凿灵渠，沟通湘江和漓江，联系长江与珠江两大水系。于秦始皇三十三年竣工，初名秦凿渠，后因漓水上游为零水，又称零渠，唐以后称灵渠。

湘江上游的海洋河和零水上游的始安水在兴安县城北相距最近处不到1500米，中间隔一小土岭——太史庙山，岭宽300～500米，相对高度20～30米。灵渠工程就是劈开太史庙山，引湘入漓。但此处湘江水位低于始安水，所以工程选在兴安县城东南2千米的分水村处建分水建筑物铧嘴（分水导水堤）和大、小天平（用条石砌的溢流坝），将海洋河河水分为两支，并从这里开南渠通往漓江，开北渠归入湘江，从而沟通湘江和漓江。主体工程分南北两渠，南渠长约3100米，落差29米；北渠长3000多米，落差约10米，渠宽13～15米。铧嘴高约6米，宽约23米，由巨石砌成。大、小天平石堤长分别为380米和120米，自铧嘴斜伸向下游两侧，将海洋河河水导入南、北渠。海洋河水约3/10进南渠，7/10入北渠。枯水期这个分水建筑物拦截全部河水入渠，保证航行所需水量；洪水时则成为溢流埝，将南、北渠不能容纳的水泄回湘江故道。

灵渠天然比降大，不利航行。因此，在渠中水浅流急处设置陡门（又称斗门），可随船舶前进而顺序启闭，调整水位，使船只逐级上行或下行通过渠道。唐代筑有陡门18座。宋代改

为36座，清代为32座。陡门实为现代船闸，灵渠是世界上最早的有闸运河。

灵渠在历史上起过重要作用。1936年和1941年，粤汉铁路和湘桂铁路相继通车，灵渠的航运已逐渐消失。中华人民共和国成立后，对灵渠全面整修，基本保留了传统工程面貌，还可行驶载重10吨左右的木船。1956年航运停止，成为灌溉、城市供水和风景游览综合利用的水利工程。灵渠是全国重点保护文物。

第三章

镜湖明月照五洲——湖泊之最

最深和蓄水量最大的淡水湖——贝加尔湖

世界最深和蓄水量最大的淡水湖。位于俄罗斯东西伯利亚南部，布里亚特共和国和伊尔库茨克州境内。中国古称北海，曾为中国北方部族主要活动地区。由地层断裂陷落而成。湖面海拔 456 米。东北—西南走向，呈月牙形，长 636 千米，平均宽 48 千米，最宽处 79.4 千米，面积 3.15 万平方千米。平均水深 730 米，中部最深达 1637 米，蓄水量达 2.3 万立方千米，约占世界地表淡水总量的 1/5。周围群山环绕，山峰通常高出湖面 1000～1500 米，多变质岩、沉积岩和岩浆岩。湖岸线长 2200 千米。有巴尔古津湾和普罗瓦尔湾等湖湾。湖中有 27 个小岛，以奥尔洪岛为最大，面积约 730 平方千米。有色楞格河、巴尔古津河、上安加拉河等 336 条大小河流注入，集水面积 55.7 万平方千米，叶尼塞河支流安加拉河由此流出。

湖盆地区为大陆性气候，巨大水体对周围湖岸地区气候有调节作用，冬季相对较温暖，夏季较凉爽。1～2 月平均气温 –19℃，8 月 11℃。水深 250～300 米以上水体温度季节变化明显，夏季湖面水温 7℃，冬季 0.3℃，最底层水温较稳定，为 3.2～3.5℃。年降水量：北部 200～350 毫米，南部 500～900 毫米。风大，浪高达 5 米，湖水涨落现象明显。1～5 月初结冰，冰厚 70～115 厘米。湖水清澈，透明度 40。

湖中有植物 600 种，水生动物 1200 种，其中 3/4 为特有种，如贝加尔海豹、鰕虎鱼、胎生贝湖鱼等。鱼类资源丰富，有凹目白鲑、茴鱼、秋白鲑等。

湖岸主要城镇有斯柳江卡、贝加尔斯克、巴布什金、乌斯季巴尔古津、下安加尔斯克等。主要港口有贝加尔、坦霍伊、维特里诺、乌斯季巴尔古津、下安加尔斯克及胡希尔等。在南岸利斯特维扬卡设有俄罗斯科学院西伯利亚分院湖泊研究所。在科特镇建有伊尔库茨克大学水生生物站。为进行生态学研究，苏联政府于 1969 年 1 月通过了对贝加尔湖流域自然综合体进行保护和合理利用的决议，建立了巴尔古津等自然保护区。湖周边地区为旅游和疗养胜地。

最长的淡水湖——坦噶尼喀湖

非洲第二大湖，世界第二深湖，也是世界最长的淡水湖。位于东非裂谷带西支南端，在刚果（金）、坦桑尼亚、布隆迪和赞比亚4国接界处。

由断层陷落而成。湖面海拔773米。湖形狭长，南北长720千米，东西宽48～70千米，面积3.29万平方千米，在

坦噶尼喀湖景色

非洲仅次于维多利亚湖。平均水深 700 米，最深处 1470 米，深度仅次于俄罗斯的贝加尔湖。湖周围多高崖环绕，集水面积 24.5 万平方千米，有马拉加拉西河、鲁齐齐河、卡兰博河等河流注入。湖水通过卢库加河向西流入刚果河，湖面水位由于该河经常淤塞而常有变化，水位年变幅约 0.7 米。表层水温 23.6 ～ 26.6℃。富鱼类、鳄鱼、河马，渔业较盛。湖滨气候宜人，植物繁茂，多野生动物，景色秀丽，为旅游胜地。湖运发达，布隆迪大部分和刚果（金）一部分外贸物资经此转坦桑尼亚铁路出印度洋。重要湖港有坦桑尼亚的基戈马和乌吉吉，刚果（金）的卡莱米和乌维拉，布隆迪的布琼布拉以及赞比亚的姆普隆古，各港之间有定期航班。

面积最大的淡水湖——苏必利尔湖

世界面积最大的淡水湖，北美洲五大湖之一。美国和加拿大界湖，东西长 563 千米，南北最宽处 257 千米，面积

苏必利尔湖一角

8.24 万平方千米，两国分别占 65% 和 35%。

　　湖岸线长 3000 千米。平均深度 148 米，最大深度 406 米，蓄水量 12234 立方千米，占五大湖总蓄水量的一半以上。湖面海拔 183 米。湖区气候冬寒夏凉，多雾，风力强盛，湖面多波浪。冬季水位较低，夏季较高，水位季节变幅为 40～60 厘米。水温较低，夏季中部水面温度一般不超过 4℃。冬季湖岸带封冻，全年通航期约 8 个月。湖中最大岛屿为罗亚尔岛，已辟为美国国家公园。北岸岸线曲折，多湖湾和高峻的悬崖岩壁；南岸多沙滩。接纳约 200 条小支流，多从北岸和西岸注入，较大的有尼皮贡河、圣路易斯河等，流域面积（不包括湖面积）12.77 万平方千米。湖水经圣玛丽斯河注入休伦湖，两湖落差约 6 米，水流湍急。建有苏圣玛丽运河，借以绕过急流，畅通两湖间的航运。湖区森林茂密。

矿产资源丰富，主要有梅萨比的铁、桑德贝的银，以及镍、铜等。主要湖港有美国的德卢斯和加拿大的桑德贝等。

最大的淡水湖群——五大湖

世界最大的淡水湖群。位于北美洲中东部，美国和加拿大之间。自西向东为苏必利尔湖、密歇根湖、休伦湖、伊利湖和安大略湖，除密歇根湖完全在美国境内外，余均为美、加两国共有。总面积约 24.53 万平方千米，约 2/3 属美国。伊利湖较浅，最大深度仅 64 米；其他大湖的最大深度都超过 200 米，苏必利尔湖达 406.3 米。总蓄水量 22818 立方千米。流域面积（不包括湖面积）50.88 万平方千米，广及美国的纽约州等 8 个州和加拿大的安大略省。

五大湖地区原为河谷低地，同属一东西向水系。第四纪冰期时，冰川多次南进，对河谷软弱岩层反复刨蚀，使河谷加深、加宽，原有水系被改造。更新世最后一个冰期——威

65

休伦湖风光

斯康星冰期后，五大湖的基本轮廓逐步形成，湖水最终经圣劳伦斯河注入大西洋。

五大湖接纳几百条小河、小溪注入，湖泊水源主要依靠降水补给。在安大略湖口（湖水汇入圣劳伦斯河）年平均流量为6640米³/秒。全年各湖水位变幅为30～60厘米，夏季水位较高，冬末春初较低，但强风暴雨可在短期内引起高达3～4米的水位波动。湖面表层水温夏季为16～21℃，冬季降至0℃以下。12月至翌年4月为结冰期，但各湖中部因风大浪急，不易封冻。五大湖水体对湖区气候具有明显的调节作用，与邻近地区相比，湖区夏凉冬温，降水较多，无霜期较长，有利于果树栽培。

湖面海拔自西向东下降。西部4个大湖的湖面海拔相差不大：苏必利尔湖与休伦湖水位相差6米，其间形成圣玛丽斯河；休伦湖与密歇根湖水位相同，由麦基诺水道相连；休伦湖与伊利湖水位相差 3 米，其间形成圣克莱尔河；伊利湖比安大略湖的水位高出 99 米，连接两湖的尼亚加拉河水流湍急，在石灰岩大崖壁处陡落成世界著名的尼亚加拉瀑布。

五大湖地区自然资源丰富，经济发达，人口稠密。为改善五大湖航运条件以及与外洋的联系，先后开凿了苏必利尔湖与休伦湖间的苏圣玛丽运河、伊利湖与安大略湖间的韦兰运河。1954～1959 年又在圣劳伦斯河上开凿深水航道，使吃水 8.2 米的船舶可从圣劳伦斯河河口上溯至苏必利尔湖西端的德卢斯。五大湖还通过运河与其他水系连接，如密歇根湖经伊利诺伊运河连接密西西比水系、伊利湖经纽约州巴吉运

尼亚加拉瀑布俯瞰

河连接哈得孙河、安大略湖经里多运河沟通渥太华河等，从而形成世界上最大的国际内陆航运系统。货运繁忙，自西向东的货流以铁矿石、农牧产品、木材等为主，自东向西则为煤、石油和工业品等。五大湖及其连接水道沿岸的主要港口，在美国境内有德卢斯、芝加哥、托莱多、底特律、克利夫兰等，在加拿大境内有桑德贝、哈密尔顿、萨尼亚、苏圣玛丽、多伦多等。

五大湖是北美洲内陆渔业区，主要渔产有湖鳟、白鱼、湖鲱，在温暖浅水中富鲈、鳖、鲇等。19世纪后期开始，由

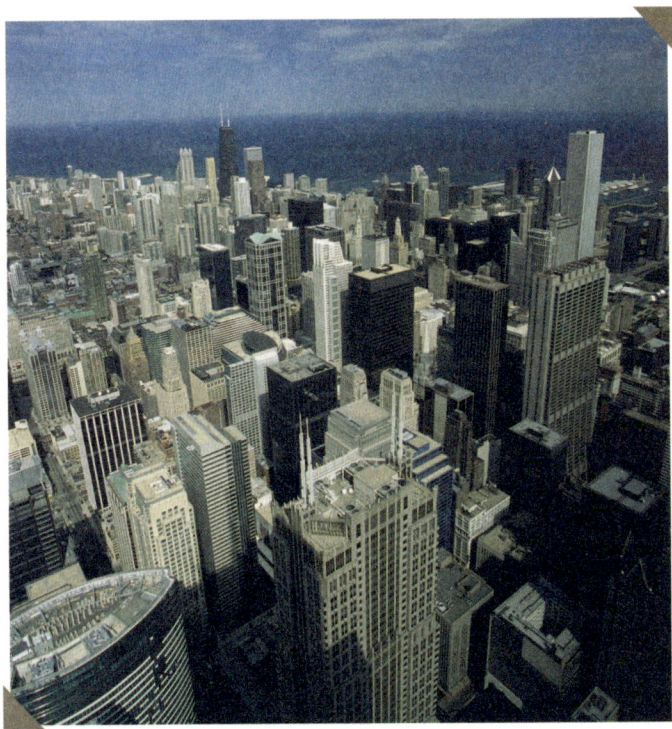

密歇根湖畔芝加哥市鸟瞰

于大量食肉的海鳗游入湖内，影响了湖鳟等食肉鱼类的生存，加之沿湖城市和工厂排放的大量废水、废渣造成湖水污染，渔产逐渐减少。20世纪60年代以来，采取了控制海鳗、引进湖鳟、防止污染等措施，已取得显著成效。湖区水力资源丰富，水电站主要集中在圣玛丽斯河、尼亚加拉河及圣劳伦斯河上。五大湖还为沿湖城市提供大量工业用水和生活用水。美、加两国在沿湖地区辟有许多国家公园和避暑胜地，每年吸引数以百万计的国内外游客来此游览度假。

海拔最高的湖——纳木错

中国第二大咸水湖。世界海拔最高的大湖。纳木错藏语为"天湖"之意，蒙古语称"腾格里海"。位于藏北高原东南部，念青唐古拉山峰北麓，西藏自治区当雄县和班戈县境内，北纬30° 40'，东经90° 35'。

湖面海拔4718米，长78.6千米，平均宽25千米，平均水深 39.2 米，储水量 768 亿立方米，湖水面积 1940 平方千米，湖区面积 1.061 万平方千米。纳木错是第三纪喜马拉雅运动形成的构造断陷湖，呈西南—东北向。湖岸可见三级阶地。湖南岸紧逼念青唐古拉山，湖泊长轴方向与山体走向大体一致。湖东南岸有呈北东—南西走向、高出湖面 200 ～ 300 米、伸入湖内 3 ～ 4 千米的扎西多半岛。半岛北端耸立着两座石灰岩丘陵，东岸和西岸为湖滨平原。平原分布有多道环湖沙砾堤，并有三级阶地。北岸是由石灰岩和砂页岩组成的低山丘陵，多以半岛形式深入湖中，构成众多岬湾和岛屿。属微咸水湖，矿化度 1697 ～ 1732 毫克 / 升，为藏北湖群中

矿化度最低的湖泊。pH 为 9，属重碳酸盐类钠组水。湖水呈正温层分布，分层现象明显。湖水主要靠冰雪融水和降水补给。汇入湖中的主要河流有波曲、昂曲、测曲、你亚曲等。湖中盛产高原裸鲤。湖中有三岛，风景秀丽。湖滨为优良牧场。

地球陆面最低点——死海

亚洲西南部内陆湖泊，世界上盐度最高的天然水体之一。位于西亚裂谷中段，分属巴勒斯坦、以色列与约旦。生物在湖中与岸上均难以生存，故名死海。

死海另有多种称呼：古巴比伦时期称为"沥青湖"；因位于约旦河谷的尽头，约旦河谷又名阿拉伯谷地，故该湖又称"阿拉伯湖"；附近是地震多发地区，每当发生较强地震，海水剧烈翻腾，仿佛颠倒过来，于是又名"颠倒湖"；希伯来语称为"盐海"；还以"先知"鲁特及其女达格尔之名，分别命名为"鲁特湖"和"达格尔湖"。

南北长约75千米，东西宽5～16千米，面积1050平方千米，平均深300米，中部最深处398米，湖面比海平面低415米，是地球陆面的最低点。东岸有利桑半岛突入湖中，将湖分为大小悬殊的北、南两部分。由于以色列和约旦竞相截取约旦河河水用于农业灌溉，水源日益减少，湖面日益下降，面积日益萎缩，尤以南半部为甚。自20世纪50年代以来，南部的面积已由260平方千米缩小到75平方千米，最深不足8米。湖区气温高，蒸发性强，基本靠约旦河的来水补给，进水量与蒸发量大致相等。湖水含盐度高达230～250，

死海风光

为一般海水盐度的 6 ～ 7 倍。富含氯化物，以钾盐和溴最有价值。各类矿物质总计超过 450 亿吨（氯化镁 220 亿吨，氯化钠即食盐 136 亿吨，氯化钙 64 亿吨，氯化钾 20 亿吨，溴化镁 10 亿吨），底部还有大约 400 米厚的盐类沉积层。仅盐的蕴藏量就足供世界 65 亿人食用 1500 年，是一个名副其实的"超级大盐库"。沿岸岩石也裹有厚厚盐层。湖水因含有各种矿物质而有很大浮力，人可仰卧其上而不沉。湖水有的地方呈淡绿色，有的地方呈碧绿色。有大量微生物，如适盐细菌和藻类，在含盐如此高的特殊环境里照常繁殖。对死海的天然资源正在进行开发。附近建有职工住宅城，包含宿舍、医院、商店、银行、修理所及幼儿园、小学等各种福利、服务和教育设施。南端的利桑半岛上有钾盐厂，南岸塞多姆有化工厂及盐场。

第四章

曾经沧海难为水——海洋之最

最大、最深、边缘海和岛屿最多的大洋——太平洋

世界上最大、最深、边缘海和岛屿最多的一个大洋。总面积为 17968 万平方千米，平均深度为 4028 米，最大深度为 11034 米（位于马里亚纳海沟中），体积为 7.237 亿立方千米，均居各大洋之首。

太平洋位于亚洲、大洋洲、美洲和南极洲之间。北端以白令海峡与北冰洋相连；南抵南极洲；东南以南美洲南端合恩角（西经 67°16'）至南极半岛（西经 61°12'）的连线同大西洋分界；一般认为西南边与印度洋分界线是下面这样一条假想线：始于马六甲海峡北端，沿苏门答腊岛、爪哇岛、努沙登加拉群岛南岸，到新几内亚岛（伊里安岛）南岸的布季，越过托雷斯海峡与澳大利亚的约克角的连线，再加上从澳大利亚东岸到塔斯马尼亚东南角，并且直至南极大陆的经线（东经 146° 51′）。

太平洋拥有大小岛屿万余个，岛屿总面积为 440 多万平方千米。其中新几内亚岛是太平洋中最大的岛屿，其面积仅次于格陵兰岛，居世界第二。流入太平洋的河流有美洲的育空河、哥伦比亚河和科罗拉多河以及亚洲的长江、黄河、珠江、黑龙江和湄公河等。

太平洋东西海岸类型明显不同：东海岸的山脉走向与海

爪哇岛上的稻田

岸平行，岸线平直陡峭，大陆架狭窄；而西海岸自北向南分布着一系列的岛弧，岛屿错列，岸线曲折，陆架宽广。

生　物

海洋动物包括浮游动物、游泳动物、底栖动物等，种类比大西洋的多2～3倍。浮游植物主要是单细胞的小型藻类，它们遍布于太平洋水深60～100米的近表层内。其数量随纬度并环绕大陆呈带状分布，在热带和副热带海区数量较少，至温带海区增多，到高纬度海区又减少；大洋区数量少，浅海地区数量多。另外，在上升流区和寒暖流交汇处浮游植物大量繁殖。热带和副热带海区浮游植物量虽然不如温带海区高，但种类比温带海区多。所以，太平洋中暖水种占优势，冷水种较少。现已知分布于太平洋的浮游植物有380余种，主要为硅藻、甲藻、金藻和蓝藻等。底栖植物由各种大型藻类和显花植物组成，大多附着在水深30～50米的海底的岩石上，较大西洋的底栖植物丰富。大多数古老的藻类都生存于太平洋中。

太平洋热带海区动物种属特别丰富，并由此向

鹦鹉螺

南和向北种属减少。太平洋还有许多古老和特有的种属，如海胆纲的许多古代种属、剑尾鱼的原始种属、原始的海星和鹦鹉螺等。龙梭鱼、鲑科鱼类等为北太平洋海区特有种属。

太平洋的水产资源极为丰富。20 世纪 60 年代中期以来，太平洋的渔获量一直居世界各大洋之首，其主要渔场有西太平洋渔场、秘鲁渔场和美国 – 加拿大西北沿海渔场。这里盛产鲱鱼、沙丁鱼、鲑鱼、比目鱼、金枪鱼、狭鳕、鳀鱼和带鱼等。除鱼类之外，白令海的海豹、赤道附近的抹香鲸、堪察加及中美洲沿岸的蟹以及虾类、贝类等都极为丰富。

矿　产

太平洋的矿产资源中最主要的是海底石油。其他正在进行勘探和开发的矿物有金、铂、金刚石、金红石、锆石、钛铁矿、锡、煤、铁、锰等。

在太平洋深海盆地上发现大量锰结核，其分布范围、储藏量和品位都居各大洋之首，是未来极有前途的矿产资源。主要集中在夏威夷东南的广大海区。目前美国、日本、德国、法国和中国等国家正在进行勘探和试采。

交通运输

太平洋在国际交通上具有重要地位。有许多条联系亚洲、大洋洲、北美洲和南美洲的重要海、空航线经过太平洋；东部的巴拿马运河和西南部的马六甲海峡，分别是通往大西洋和印度洋的捷径和世界主要航道。太平洋在世界海运中的地位仅次于大西洋，海运量占世界的20％以上。海运的大宗货物有石油、矿石及谷物等。

太平洋沿岸港口众多，亚洲主要有符拉迪沃斯托克（海参崴）、釜山、大连、天津、上海、广州、香港、海防、新加坡、雅加达、东京、横滨、神户、大阪等；大洋洲有悉尼、惠灵顿等；南、北美洲有温哥华、西雅图、旧金山、洛杉矶、巴拿马城、瓜亚基尔等。太平洋中的一些岛屿是许多海、空航线的中继站，具有重要战略意义，如夏威夷群岛、中途岛、关岛、西萨摩亚群岛、斐济群岛等。

太平洋第一条海底电缆是1902年由英国敷设的，英国在太平洋敷设的海底电缆共长12550千米。1905年美国在太平洋敷设的海底电缆长14140千米。从香港有海底电缆通往马尼拉、胡志明市和哥打基纳巴卢。在南美洲沿海各国之间也有海底电缆。

最小、最浅的大洋——北冰洋

以北极为中心，广布有常年不化的冰盖的大洋。因主要位于北极地区，面积较小，又名北极海。位于地球最北端，为亚洲、欧洲和北美洲所环抱。在亚洲与北美洲之间有白令海峡通太平洋，在欧洲与北美洲之间以冰岛－法罗群岛海丘和威维尔－汤姆森海岭与大西洋分界，有丹麦海峡及史密斯海峡与大西洋相连。

北冰洋 (Arctic) 名字源于希腊语，意为正对大熊星座的海洋。1650 年，德国地理学家 B. 瓦伦纽斯首先把

冰上观测站

它划成独立的海洋，将它命名为大北洋；1845 年伦敦地理学会将它命名为北冰洋。由于气候严寒，冰层覆盖，调查困难，直到 20 世纪 30 年代以后才陆续在冰上建立科学考察站，开展一些较系统的调查。由于北冰洋对全球气候有重要影响，各种前来进行考察和调查的科学组织和机构接踵而来，中国也先后派出调查队和"雪龙"号科考船进行水文气象研究。

在世界大洋中北冰洋是最小的大洋，也是最浅的大洋。面积约为 1310 万平方千米，约占世界海洋面积的 3.6%，不及太平洋面积的 1/12。平均水深 1200 米，最大水深 5449 米（在格陵兰海东北）。

北冰洋海岸线曲折，岛屿众多。有宽阔的大陆架和许多浅而大的边缘海：在欧亚大陆沿岸有挪威海、巴伦支海、喀拉海、拉普捷夫海、东西伯利亚海和楚科奇海等；北美洲沿岸有波弗特海和格陵兰岛之东的格陵兰海。北冰洋岛屿众多，分布在大陆架处，其数量仅次于太平洋。流入北冰洋的主要河流有鄂毕河、叶尼塞河、勒拿河和马更些河等。

生 物

由于高寒，以及常年冰盖和流冰的限制，北冰洋动植物群的种类比地球上其他海区要少得多。浮游植物的年生产力比其他洋区要低 10%。植物包括大片聚集在浮冰上的小型植物、生长在表层水（深 40～50 米）中的浮游植物（微藻类）、生长在海滨浅海区海底的底栖植物巨藻类和海草等。暖水性的浮游动物少，但同属的动物往往比其他地区长得肥大。最重要的鱼类有北极鲑鱼（红点鲑或白点鲑）和鳕鱼等。巴伦支海和挪威海是世界上最大的渔场之一。捕获量较大的有鳕鱼、黑线鳕、鲽鱼和毛鳞鱼。生物资源中，海洋哺乳动物最珍贵，如海豹、海象、鲸、海豚、北极熊和北极狐等。

北极熊

矿　产

北冰洋的矿产资源以石油、天然气最为重要，主要分布在阿拉斯加北岸的波弗特海大陆架、加拿大北极群岛及其邻近海域。此外，北冰洋海底还富有锰结核、锡和硬石膏等矿物。

交通运输

　　北冰洋有联系欧、亚、北美三大洲的最短大弧航线，但地理位置偏僻，气候严寒，沿岸地区人烟稀少，航运困难。航运较发达的是北欧海域的挪威海及巴伦支海。20 世纪 30 年代开辟的西起俄罗斯的摩尔曼斯克到符拉迪沃斯托克（海参崴）的航海线，全长 1 万多千米，对航运具有重要意义。固定的航空线有从摩尔曼斯克直达挪威斯瓦尔巴群岛、冰岛雷克雅未克和英国伦敦的航线。

最大的海——珊瑚海

　　世界最大的海。位于太平洋西南部。西、北、东三面分别被澳大利亚大陆、新几内亚岛、所罗门群岛、新赫布里底群岛等环绕。向南开敞，一般以南纬 30° 线与塔斯曼海邻接。北部介于新几内亚岛与所罗门群岛之间的海域，又称所罗门

海。北经托雷斯海峡与阿拉弗拉海相通。总面积418万平方千米，约占北冰洋面积的31.9%。

海底自西向东倾斜，交错分布着若干海盆、海底高原和海底山脉。平均水深2471米。所罗门群岛和新赫布里底群岛内侧有一狭长深邃的新赫布里底海沟，是全海域最深的地方，最大深度9140米。海水总体积1147万立方千米，居世界各海之首。地处热带，气候湿热，最热月（2月）平均气温可达28℃。每年1～4月多台风。表层海水全年平均温度在20℃以上，盐度27～37。周围几乎没有较大的河流注入，海水洁净，呈深蓝色，透明度较高（约20米），有利于珊瑚虫生长。在大陆架和浅滩上，以及以岛屿和接近海面的海底山脉为基底，发育了庞大的珊瑚群体，构成众多的珊瑚岛礁，珊瑚海因此而得名。其中以澳大利亚大陆东北海岸的大堡礁最为著名，大堡礁全长2000余千米，为世界上规模最大的珊瑚礁群。珊瑚海中多鲨鱼，故又有鲨鱼海之称。其他水产资源有鳗鱼、鲱鱼、金枪鱼、海参、龙虾和珍珠贝等。

海水盐度最低的海——波罗的海

欧洲北部内海，世界海水盐度最低的海。四面几乎均为陆地，仅西部通过厄勒海峡、卡特加特海峡和斯卡格拉克海峡等与北海相通。面积42.2万平方千米（包括卡特加特海峡）。

海域中主要有博恩霍尔姆岛、哥得兰岛、厄兰岛、萨雷马岛、奥兰群岛等，以及深入陆地的波的尼亚湾、芬兰湾。

周围国家有芬兰、瑞典、丹麦、德国、波兰、俄罗斯、立陶宛、拉脱维亚和爱沙尼亚。波罗的海是最后一次冰期结束时冰川大量融化形成的。海水浅，平均深度仅86米；最深处在瑞典东南海岸和哥得兰岛之间，深为459米。总储水量2.3万立方千米。波罗的海与外海海水交换不大，又有维斯瓦河、奥得河等约250条河流注入，这些河流占欧洲地面总径流量的1/5，流域总面积为波罗的海面积的4倍。加之气候寒冷，蒸发微弱，因而波罗的海成为世界上盐度最低的海，平

遥望波罗的海

均含盐量仅为大西洋的 1/3。海水盐度自出口处向海内逐渐减少，大、小贝尔特海峡海水盐度 15，默恩岛以东降至 8，芬兰湾为 6，波的尼亚湾北端仅 2～3。波罗的海海水一般由厄勒海峡流出。外海海水从大贝尔特海峡流入，先沿南岸向东流，再沿东岸向北流，形成逆时针方向海流。波罗的海深层海水盐度较高，是由于盐度较高的北海海水流入所致。波罗的海位于北纬 54°～65° 30'，水温自北向南升高。8 月表层水温介于 9～20℃，2 月 0～2℃。由于海水浅而淡，冬季易结冰，波的尼亚湾冰封期达 6 个月，芬兰湾和斯德哥尔摩附近 3～4 个月，波兰、德国沿岸 1 个多月，瑞典和丹麦之间的海峡也有冰封。由于受地形阻隔，强烈的北海潮汐不能达到波罗的海，因而缺少潮流，潮波也很小。但水面却深受风向影响。强烈的东北风导致南海岸高浪，促成了沿海高水位；而西南风有助于沿德国和波兰海岸的沙丘堆积，同时使波罗的海北部海岸水位高涨。

因此，即使在通航期，船只航行仍较危险。波罗的海是北欧重要的航道，除有多条天然海峡与外海相通外，还有数条人工水路与附近地区相连。其中有基尔运河与北海相连，有运河与白海相通，也有水路和伏尔加河相连。沿岸较大港口有斯德哥尔摩、哥本哈根、罗斯托克、什切青、格但斯克、里加、圣彼得堡和赫尔辛基等。

地质年代最年轻的内陆海——红海

地质年代最年轻的内陆海。位于亚洲阿拉伯半岛和非洲大陆之间，为印度洋西北狭长的海域。南以曼德海峡与阿拉伯海的亚丁湾相接，北经苏伊士湾和苏伊士运河与大西洋的地中海相连。

红海长 2253 千米，最大宽度为 306 千米，总面积为 45 万平方千米，平均水深 558 米，最大水深 2922 米。1869 年开辟了苏伊士运河后，红海成为沟通印度洋和大西洋的重要国际航道。红海海水呈蓝绿色，当红海束毛藻繁盛时，海水便变为红褐色，故称"红海"。

地质地形

岸滨陆架水深多浅于 50 米，多礁石。红海沿岸广泛发育

红海和亚丁湾卫星照片

着珊瑚礁。曼德海峡宽仅 26 ～ 32 千米，水深约 150 米。海峡中散布着浅滩、暗礁和小岛。海峡下部还有一道海槛。这些都限制了红海与亚丁湾的水交换。红海的中轴线为中央海槽，大部深于 1500 米。海槽中部出现的几处深邃的 "V" 形裂谷，为红海最深的地方。

非洲板块与阿拉伯板块之间的裂谷沿海槽轴通过。两个板块约在 2000 万年前开始分离，近 300 万～ 400 万年来，两岸仍以平均每年 2.2 厘米的速度分离。如将两侧大陆的轮廓线并在一起，恰能密切啮合。因此，红海是未发育成熟的大洋。海底沉积物主要由珊瑚礁和其他钙质生物碎屑组成，有少量由风带来的陆源物质。

自 20 世纪 60 年代初以来，在裂谷底层水中，发现了若干水温和盐度特别高的地点，其近底层水温达 34 ～ 56℃，盐度达 74 ～ 310，比其他深层海水盐度高 2 ～ 9 倍。这是由于裂谷扩展时，涌上来的熔岩加热了沿裂隙下渗的海水，而富含溶解盐类和矿物质的热水重新上升所致。

气　候

干热的热带沙漠气候，兼有季风气候特征。冬半年，北部盛行西北风，南部盛行东南风；夏半年，全海区多东北风，风速为 3.4 ～ 10.7 米 / 秒。月平均气温 2 月最低（北部 15.5℃），8 月最高（南部 32.5℃）。降水多集中于冬季，平均

年降水量北部 28 毫米，南部 127 毫米。年平均蒸发量 2100
毫米。红海无径流注入，通过苏伊士运河与地中海的水交换
也极微，但因蒸发损失的水量能由印度洋流入的水量补充，
而不致干涸。

水文特征

红海为世界上盐度最高、水温很高的海域之一，其平均
值分别为 40.35 和 22.67℃，月平均水温以 2 月最低（18℃）、
8 月最高（35.5℃）。年平均盐度北高（> 41.0）南低（36.5）。
主要水团有：红海表层水，位于 50 ～ 100 米以浅的水层，温
度、盐度的时空变化较显著；变性亚丁湾水，分布于中部以
南的次表层，由曼德海峡流入的亚丁湾水变性而成；红海深
层水，只限于 200 ～ 2000 米的深层，温度、盐度分布较均
匀，季节变化和年变化也很小。

海流受控于海面的蒸发过程。冬季和春季，源于亚丁湾
的进入红海的补偿流，在盛行东南风的影响下比较发达；夏
季，风向相反，该海流只能在曼德海峡的中层流入，而在红
海表层则出现一支由红海流向亚丁湾的风海流。在曼德海峡
底层还经常有一支从红海流出的底层密度流。这支高温、高
盐水体越过曼德海峡后向南扩展，成为印度洋次表层高盐水
的主要源头。另外，在红海中还有相当显著的横向海流。

潮汐属半日潮性质，南北两端潮汐位相几乎相反，当南

端为高（低）潮时，北端为低（高）潮；潮差不大，南北两端大潮潮差分别为 1.0 米和 0.6 米。潮波由印度洋经曼德海峡传入，是比较典型的谐振潮特征。

生物和矿产

海洋生物具有印度洋－太平洋热带生物的区系特征。植物种类较少，动物种类颇多，鱼类有 400 余种，海豚、儒艮、鲨鱼和大型龟鳖等均属常见物种。初级生产力较低，叶绿素含量为 19 毫克 / 米³，约与大西洋的马尾藻海相当。矿物资源有石油和蒸发盐矿床，以及在裂谷洼地底层软泥中新发现的重金属矿。

最大的封闭性内陆海——里海

世界上最大的封闭性内陆海。又称海迹湖。位于欧洲和亚洲之间，东、南、西三面分别被卡拉库姆沙漠、厄尔布尔士山脉和大高加索山脉环绕。南北长约 1200 千米，东西平均宽为 320 千米。海岸线全长约 7000 千米，总面积约 39.4 万平方千米。平均深度为 180 米，最大水深为 1025 米。共有 130 条入海河流，年入海径流量为 300 立方千米以上。其中伏尔加河多年平均年入海径流量为 256 立方千米，占里海总径流量的 85%。

里海是古地中海的一部分，曾和黑海、大西洋相通。直到中新世晚期，才变成一个封闭性的水域。19 世纪初期的水位要比 4000～6000 年前的水位低 22 米。自 20 世纪 70 年代初以来，里海水位保持在 –28.5 米左右。

里海卫星照片（据美国国家航空航天局）

整个海区可分为北、中、南三部分。北里海，岸坡平缓，水深很浅，平均仅 4～8 米；中里海，东为陆架，西为杰尔宾特海盆，深达 790 米；南里海，东部陆架较宽，往西为洼地，是里海最深的地方。海底沉积物，北里海多含贝壳砂，中里海洼地多泥和砂质泥，南里海深水区为泥和含有薄层硫化铁的黏泥。

气　候

冬季平均气温，北部为 –10 ～ –8℃，南部为 8 ～ 10℃。最热月平均温度为 28 ～ 29℃。东和东北风占优势。风速为 5.5 ～ 10.7 米 / 秒，中部有时可达 20.8 ～ 28.4 米 / 秒。年降水量为 200 ～ 1700 毫米，年蒸发量一般为 1000 毫米。

海　流

在北里海，伏尔加河径流入海后分成两支：主要的一支沿西岸向南流；另一支沿北岸向东流，在东北部形成一个小型的反气旋型环流。流速随风速而异，一般 10 ～ 15 厘米 / 秒，有风时显著增强。中里海则被一个大型的气旋型环流控制。南里海的西北和东南部，各有一个气旋型环流。

水　温

有明显季节变化。2 月北里海仅 0.1 ～ 0.5℃，南里海可达 8 ～ 10℃。夏季一般为 24 ～ 27℃。水温垂直分布：冬季，北里海和中里海无跃层出现，南里海在 50 ～ 100 米深处有温跃层；夏季，中部的 30 ～ 50 米深处和南部海区，上下层温差较大。

生物和矿产

植物 500 多种。动物 850 种，其中 15 种是典型的北冰洋型和地中海型动物。此外，还有大西洋中层暖水型的动物。

常见的鱼类有鲟鱼、鲱鱼、河鲈、西鲱等。油气资源丰富，海底石油的开采主要集中于阿塞拜疆近海。

第五章

飞流直下三千尺——泉水瀑布之最

海拔最高的间歇泉——塔格架间歇泉

世界海拔最高的间歇泉。又称塔各加间歇泉。位于中国西藏自治区昂仁县桑桑镇，海拔 5080 米。

多雄藏布从塔格架泉区穿过，将泉区分为两部分，共有 4 处间歇泉，均坐落在大型泉华台地上。最大的一处位于河床南岸，泉口直径 30 厘米，水温 85℃，活动十分频繁，活动方式也别具特色。每次喷发高度 1～2 米、最高达 10 米，持续时间长时约 10 分钟，短时一瞬间。每次大的喷发前泉口及旁边的热水塘水位缓慢上升，继而泉口起喷，水柱由低而高，有时经过几次反复而到激喷阶段。特大的喷发伴随巨大的吼声，高温水汽突然冲出泉口，扩展成直径达 2 米、高达 20 米的水汽柱。在 4 处间歇泉附近还分布有大大小小的沸泉、热泉、热水塘、喷气孔等。塔格架间歇泉的喷发高度虽不及美国的格兰喷泉，但其海拔却超过格兰喷泉 3000 米，为地球上的奇观之一。

落差最大的瀑布——安赫尔瀑布

世界落差最大的瀑布。又称丘伦梅鲁瀑布。英语惯用名 Angel Falls。位于委内瑞拉东南部卡罗尼河支流丘伦河上、卡奈马国家公园内。

丘伦河上游为地下河。在圭亚那高原的奥扬特普伊山顶部东缘，河水从地下 60 多米的砂岩层中流出，沿着陡峻的崖壁跌落下来，落差高达 979 米。瀑布分两级，第一级落差 807 米，第二级落差 172 米。1933 年美国飞行员 J. 安赫尔同麦克拉肯为寻找传说中的金矿，驾驶单翼飞机首次从空中发

安赫尔瀑布全景

现该瀑布。1935 年西班牙人卡多纳也发现了该瀑布。1937 年安赫尔同其妻再次对瀑布进行空中考察，瀑布遂以其名命名。安赫尔的单翼飞机现存放在马拉凯航空博物馆。瀑布为群山所环抱，密林遮掩，陆路难以进入，只能乘小型飞机从空中观赏或乘船从水路靠近。每年 12 月至翌年 1 月是乘船探险的最佳时期。周围地区生活着卡马拉塔斯族印第安人。距瀑布10 千米处有印第安乌鲁叶族的居民点。现为旅游探险地。

最长的瀑布群——利文斯敦瀑布群

非洲刚果河上的瀑布群，也是世界最长的瀑布群。以苏格兰探险者、传教士 D. 利文斯敦的名字命名。

分布于刚果河下游马塔迪至金沙萨的 354 千米的河段上，在河流穿切高原山地处，从距海岸 160 千米之地开始，由 32 个急流和大瀑布组成，总落差约 270 米，是世界各大河下游的奇观。马塔迪—金沙萨河段航运受瀑布阻碍，但水力资源极丰富，水力蕴藏量约 1 亿千瓦。位于瀑布群下游段的英加水电站，距马塔迪约 40 千米，在其 25 千米的河段内集中了100 米的落差。

第六章

大珠小珠落玉盘——岛屿之最

最大的岛——格陵兰

世界最大的岛屿，丹麦属地。位于北美洲东北部，北冰洋与大西洋之间。西以罗伯逊海峡、史密斯海峡、巴芬湾和戴维斯海峡与加拿大北极群岛相隔；东邻格陵兰海，隔丹麦海峡与冰岛相望。面积216.6万平方千米。海岸曲折，多深邃的峡湾。海岸线总长4.4万千米。人口5.77万（2018），多数为格陵兰人（因纽特人与早期欧洲移民混血后裔），丹麦等北欧国家移民约占总人口的12%。通用格陵兰语和丹麦语。居民多信奉基督教路德宗。首府努克。

格陵兰系大陆岛，其构造基础是北美大陆加拿大地盾的延伸。全岛地形表现为从四周向中部低倾的高原，由前寒武纪结晶岩构成。岛的东缘为古生代褶皱山地，贡比约恩峰海拔 3700 米，为全岛最高峰。大陆冰川广泛发育。全岛 85% 的地面被巨厚的冰层覆盖，平均厚度约 1500 米，中部最厚处 3200 多米；冰的总体积约 300 万立方千米，仅次于南极洲的现代大陆冰川。冰原上点缀着少数突兀的山峰，形成冰原"鸟峰"景象。沿着谷地移动的冰川，不时把巨大的冰块倾泻入海，使之成为一座座锥状或块状的冰山，其顶部高出海面数十至数百米。冰山向南漂浮，最远可到北纬 42°，对北大西洋航线上的船舶威胁颇大。

全岛 4/5 的面积在北极圈内。广大内陆地区终年为反气旋所笼罩，属极地冰原气候。年平均气温在 0℃ 以下，绝对最低气温 –70℃；平均年降水量约 300 毫米，降水全部为雪和冰霰，多凛冽的风暴和雪暴。北纬 70° 以南的西南岸和南端沿岸地区，因受西格陵兰暖流影响，气旋活跃，属极地苔原气候。1 月平均气温 –7.4℃，7 月 6.5℃，平均年降水量 752 毫米。受东格陵兰寒流影响的东岸，气温和降水显著低于西南岸和南岸。格陵兰岛有极地特有的极昼和极夜现象，北部每年有连续 5 个月白昼和 5 个月黑夜。

沿岸无冰带断续分布，宽窄不等。北部的皮里地无冰带宽达 300 千米，但气候干寒，形成极地荒漠；西南岸无冰带宽约 160 千米，气候湿润，发育苔原植被，并有矮小丛生的

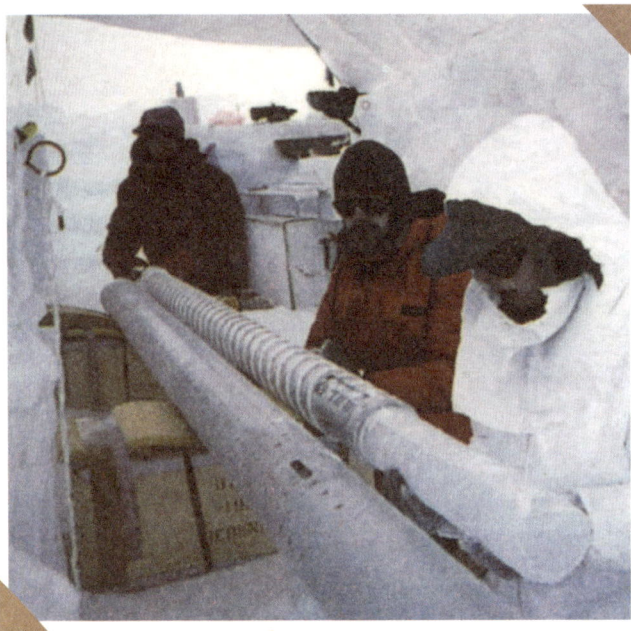

钻取出的冰芯

桦、柳、赤杨、桤、桧、花楸等林木和鲜绿的草甸。哺乳动物约有 30 种，沿岸地带主要有麝牛、驯鹿、旅鼠、北极熊和北极狐，近海水域有鲸、海豹、海象等。鱼类以鳕、鲽、鲑、大比目鱼、毛鳞鱼、鲨鱼和小虾为主。170 种鸟类中，分布最广的是绵凫、雪鸮、格陵兰隼等。

公元前 3000 年，因纽特人首先从加拿大北极群岛到达格陵兰岛，此后陆续移入，并开始在岛上定居。10 世纪挪威和丹麦航海家来此探险。985 年挪威人开始建立定居点。1261年成为挪威殖民地。1380 年丹麦征服挪威，格陵兰转由丹麦管辖。1894 年丹麦首建殖民点于岛的东南岸。丹、挪两国长期为格陵兰的归属问题争执。1933 年海牙国际法庭将岛判归丹麦。1953 年丹麦议会修改宪法，规定格陵兰为丹麦的一个州。1973 年随丹麦一起加入欧共体。1979 年 5 月 1 日起正式实行内部自治。1985 年退出欧共体。全岛分为东格陵兰、西格陵兰和北格陵兰 3 个行政区。设有自治议会和自治政府。格陵兰在丹麦议会中有 2 个议席，有自己的旗帜和邮票。丹麦中央政府负责格陵兰防务、外交、司法和货币，并派驻高级专员（相当于总督）负责联络、协调和民法领域工作。其他事务均由自治政府负责。

经济以捕鱼业和渔产品加工业为主，年捕鱼量 12.4 万吨（2016），并产鱼罐头、鱼干、冻鱼等。约有 1/4 人口仍以传统的狩猎业为生，主要猎取海豹。有少量畜牧业和农业。蕴藏金、铅、锌、铬、煤、钨、钼、铁、镍、铀、石油等矿产。曾是世界最大的冰晶石产地，经近百年的开采，已于 1963 年采尽停产；其他采矿活动也受开采成本高和运输困难的限制，自 1987 年以来已停止。丹麦政府每年向格陵兰自治政府提供财经援助。货币为丹麦克朗。主要贸易伙伴为丹麦、挪威、日本、美国、法国等，出口渔猎产品，进口各种生产、生活资料。格陵兰的地理位置对于横越北极的空中交通有重要意义，为北极地区战略要地。美国在格陵兰西北部的卡纳克（图勒）设有空军基地、雷达站和预警系统。

最大的沙岛——崇明岛

中国第三大岛，中国最大的沙岛。行政区划属于上海市崇明区和江苏省南通市，是上海市崇明区政府所在地。位于

上海东平国家森林公园

上海市北部，长江入海口。面积 1269.1 平方千米。

7 世纪唐初始有东沙洲、西沙洲出露水面。后几经变迁，或坍或涨，不断东移并逐渐扩大。16 世纪明嘉靖（1522 ~ 1566）年间，基本具现今规模。由于长江主流南北摆动，"游移"不定，至 18 世纪中叶后，主流于崇明岛南面出海，南岸坍塌；北岸和东、西两端则淤涨迅速，面积日扩。20 世纪 50 年代初期，面积仅 600 余平方千米，经对新涨滩涂不断围垦，遂达现今规模。80 年代初期仍有大片滩涂后备耕地资源可供围垦。农业以种植棉花、水稻、小麦为主，岛外沿江和沿海一带渔场环绕，岛内河沟纵横，鱼塘密布。长江口是中国著名天然渔场，盛产凤尾鱼、刀鱼、鲥鱼、虾等，蟹苗、鳗鱼都是崇明名贵特产。岛上的崇明学宫又称孔庙，为建于明天启（1621 ~ 1627）年间的建筑群。东部滩涂为数十万只越冬候鸟的栖居地，1998 年建立东滩鸟类自然保护区，2005 年晋升为国家级自然保护区。

最大的冲积岛——马拉若岛

世界上面积最大的冲积岛。

位于巴西帕拉州东部亚马孙河口三角洲，由亚马孙河在注入大西洋时挟带的沉积物形成。面积约 4.8 万平方千米。岛的西部有丰富的热带植被，生长着巴西木、棕榈，东部是平原，生长着热带稀树草原植被，水草丰美。主要经济活动为养牛、捕鱼、伐木和采集橡胶。雨季时，岛的一半面积被洪水淹没。岛上动植物物种多样，特别是周身长满红色羽毛的火鹤和狼，是当地的象征。近年在岛上发现了印加文明时期的遗迹。

最大的群岛——马来群岛

世界最大群岛。以其居民主要为马来人而得名。旧名南洋群岛。散布在太平洋与印度洋之间的广阔海域，北起吕宋岛以北的巴坦群岛，南迄帝汶岛南边的罗地岛，西起苏门答腊岛，东止于新几内亚岛以西。

群岛范围南北长约 3500 千米，东西宽约 4500 千米，包括大巽他、努沙登加拉（小巽他）、马鲁古和菲律宾等群岛，分属于印度尼西亚、东帝汶、马来西亚、文莱和菲律宾等国。共有 2 万多岛屿，面积 242.2 万平方千米，占东南亚面积的 54%，其中面积大于 10 万平方千米的岛屿有 6 个。岛屿之多、散布之广、拥有大岛数目之多均居世界首位。海域面积广大，周围环绕着 10 片广阔的海域，面积皆在 10 万平方千米以上，除爪哇海及南海外，水深都在千米以上。地处亚、澳两大陆与太平洋、印度洋之间，板块碰撞，岛弧交

接。除加里曼丹岛外，多火山，地震频繁。群岛为南北大陆生物物种的过渡地带，生物地理分界的华莱斯线与韦勃线纵贯群岛中部，拥有亚洲与澳大利亚种动植物。既有马来人种，亦兼有巴布亚人种。世界海空航线穿插于此，有 11 条重要海峡，海岸线绵长而曲折，多港湾、港口。赤道横贯，水热条件充足，具有广大的热带雨林与热带季雨林，为世界最大的热带经济作物生产基地。盛产橡胶与棕油、椰干、蕉

麻、胡椒、奎宁、木棉与热带木材，产量皆居世界首位。开发历史悠久，文化发达。人口约41384.1万（2018），居世界各大群岛之首，占东南亚人口的63.7%。其中爪哇岛与巴厘岛的人口密度与垦殖指数皆居世界各岛的前列。主要城市多兼海、河港埠，接近海洋航线。其中雅加达为东南亚最大城市。

第七章

鬼斧神工造天堑——
峡谷洞穴之最

最大的峡谷——雅鲁藏布大峡谷

中国西藏自治区雅鲁藏布江下游的雅鲁藏布大峡谷（简称大峡谷），全长达 504.6 千米，最深处为 6009 米，最狭谷底河床宽仅 35 米。峡谷平均坡降为 9.14‰，最陡的地方坡降达 75.35‰。实测洪枯水位高差极值达 21 米。峡谷进口处派镇附近流量为 1900 米^3/秒，海拔为 3000 米；出口在国境巴昔卡，流量为 5240 米^3/秒，海拔为 155 米。

大峡谷核心无人区从西兴拉山到帕隆藏布江口的河段达 20 余千米，峡谷河床有 4 处大瀑布群，一些主体瀑布落差都在 30 ～ 35 米，集中蕴藏着丰富的水力资源。初步计算，这

段峡谷河床单位河段水能蕴藏量达 13.86 万千瓦 / 千米，为世界同类大河之最。整个大峡谷水能总蕴藏量可达到 3800 万千瓦，为现在长江三峡的 2.5 倍。

大峡谷围绕喜马拉雅东端的南迦巴瓦峰（海拔 7782 米）有一个奇特的马蹄形大拐弯，穿过喜马拉雅的崇山峻岭，又切割在青藏高原东南急斜坡上呈连续 "V" 字形的峡谷。由一系列小的直角形拐弯的峡谷河段串联组成，"V" 字形的峡谷也是由上而下一个套着一个镶嵌组合而成。

雅鲁藏布大峡谷，包括下游大峡谷在内，其形成主要是为了适应世界上罕见的地质构造发育的大河。大峡谷南侧的印度板块以北北东方向向北侧的欧亚板块俯冲、挤压、碰撞，又受到东侧强大的太平洋板块的抵制。在这三大板块作用力的作用下，板块之间形成构造地缝合线带，特别是三大板块（陆块）强烈作用的北北东部位，则形成缝合带复杂作用的弧弯构造，壳、幔物质也在这里交互作用，导致以南迦巴瓦为中心的大峡谷地区地壳物质的深度多期变质、地壳强烈上升（上升量达 3 厘米 / 年）。当大量冰雪融水由中上游奔来，在受到东喜马拉雅山的阻挡时，它必然寻找缝合带复杂构造弧弯的薄弱部位，劈开万重关山夺路而去，形成深峻的峡谷。高耸的喜马拉雅山是印度洋暖湿气流的屏障，而大峡谷的存在成为印度洋暖湿气流北上的重要通道。

水汽通道的存在不仅造就了雅鲁藏布江流域的特殊降水

分布，而且造就了藏东南特殊的海洋性气候环境，使藏东南地区出现世界最高的"绿洲"，其茂密的原始森林与广大青藏高原内部的高寒干旱荒漠迥然不同。

大峡谷是中国山地垂直自然带最完整的地方，具有从高山冰雪带到低河谷热带季雨林带等 9 个垂直自然带。不同高程的垂直自然带不但景观各异，而且生物资源特别丰富。这里蕴藏着西藏高原 60％～70％的生物资源（动物、植物、菌类）。其中维管束植物 208 科、1100 余属、3600 余种，约占西藏维管束植物总种数的 2/3；昆虫有 2000 余种，占西藏昆虫总种数的 60％以上；大型真菌有 400 余种，占西藏大型真菌总种数的 80％；锈菌 200 余种，占中国锈菌总种数的 25％。

1998 年 10 月，中华人民共和国国务院正式批准该世界最大峡谷定名为雅鲁藏布大峡谷。1998 年 10～12 月，中国雅鲁藏布大峡谷科学探险考察队实现了人类首次全程徒步穿越大峡谷的壮举。

陆地上最长的裂谷带——东非大裂谷

世界陆地上最长的裂谷带。南起赞比西河河口一带，向北经希雷河谷至马拉维湖北部，然后分成东、西两支。西支经鲁夸湖、坦噶尼喀湖、基伍湖、爱德华湖，至艾伯特湖，呈弧形延伸；东支向北进入坦桑尼亚境内，经维多利亚湖东

基伍湖风光

面一系列小湖和洼地，至肯尼亚的图尔卡纳湖，后转向西北再折向东北纵贯埃塞俄比亚中部，抵红海沿岸。尔后经红海、亚喀巴湾，直至西亚的死海-约旦河谷地，总长6400多千米。其中4000多千米在非洲大陆境内。

据板块构造学说，大裂谷是陆块分离的地方。地壳下呈高温熔融状态的地幔物质上涌，先使地壳隆起，继而减薄，然后断裂，在断裂带两侧的陆块逐渐向外扩张。东非大裂谷下陷开始于渐新世，主要断裂运动发生在中新世，大幅度错动时期从上新世一直延续到第四纪。北段形成红海，使阿拉伯半岛与非洲大陆分离。

裂谷带平均宽48～65千米，北宽南窄，最宽处达200千米以上。两侧陡崖壁立，谷深达数百米至2000米。谷底地势起伏较大，分布有一系列洼地、盆地和湖泊。在裂谷带的形成和发展过程中，伴随着强烈的火山活动，火山林立，熔岩广布，使东非成为非洲大陆地势最高的地区。早期火山活动多为裂隙喷发型，岩浆沿裂隙溢出，巨量熔岩漫流叠置，形成从马拉维到红海沿岸广大的熔岩高原和台地，其中埃塞俄比亚高原平均海拔2500米以上。后期火山活动多为管状喷发型，堆积成高大的锥形火山群，其中包括非洲最高峰乞力马扎罗山的基博峰（5895米）、次高峰肯尼亚山的基里尼亚加峰（5199米）等。有些火山仍有活动，如尼拉贡戈火山、尼亚姆拉吉拉火山等均属活火山，沿断层裂隙分布着许多温

埃塞俄比亚高原景观

东非大裂谷景观

泉和喷气孔，地震活动频繁，标志着东非大裂谷仍处于扩张演变之中。

大裂谷地区集中了非洲大陆湖泊的大部分，多具有狭长深邃、湖岸陡峭的特点，是典型的断层湖。例如，坦噶尼喀湖长度相当于其最大宽度的 10.3 倍，最深处达 1470 米，为世界第二深湖；马拉维湖长度相当于其最大宽度的 7 倍，最深达 706 米，为世界第四深湖。位于东、西两支裂谷带之间高原面上的维多利亚湖、基奥加湖等，属陆地局部凹陷而成的浅湖，前者为非洲第一大湖。裂谷带的湖泊利于发展渔业、航运和灌溉，对东非各国经济具有重要意义。

陆地上最长的河流峡谷——科罗拉多大峡谷

世界陆地上最长的河流峡谷。位于美国亚利桑那州西北部的科罗拉多高原上，在科罗拉多河中游河段。为第三纪上

俯视科罗拉多大峡谷

新世时高原大幅度抬升、河流强烈下切而成。

从州北界附近支流帕里亚河汇入河口处起，西至内华达州州界附近的格兰德沃什陡崖，全长 446 千米。谷深约 1600 米，最深处 1829 米。谷宽 6.5 ~ 29 千米，往下收缩，呈"V"字形。谷底水面宽度不足 1 千米，最窄处仅 120 米。河流曲折蜿蜒，河床坡降大，水流湍急。水深 10 ~ 15 米，夏季周围山地冰雪融水下注，水深增至 15 ~ 18 米。谷壁呈阶梯状，南壁海拔 1800～2100 米，气候干暖，植物稀少；北壁比南壁高 400～600 米，气候寒湿，林木苍翠；谷底海拔 760～800 米，气候干热，呈荒漠景色。从谷底向上，沿崖壁出露着从元古宙到新生代的各期岩系，水平层次清晰，并含有代表性生物化石，有"地质史教科书"之称。岩性软硬不同、颜色各异的岩层，被外力作用雕琢成千姿百态的奇峰异石和峭壁石柱，随着天气变化，水光山色变幻无穷，蔚为奇观。大峡谷及其两侧高原地区的有机界包括 1500 种植物、355 种鸟类、89 种哺乳动物、47 种爬行类动物、9 种两栖类动物和 17 种鱼类。1919 年美国国会通过法案，将大峡谷最壮观的一段及其附近地区正式辟为国家公园，面积 2728 平方千米。1975 年国家公园扩大，加上原先的大峡谷国家保护区和马布尔峡谷国家保护区，以及部分格伦峡谷国家休养地和米德湖国家保护区，总面积达 4929 平方千米。1980 年被联合国教科文组织列入《世界遗产名录》。